LangChain实战

从原型到生产，动手打造LLM应用

张海立 曹士坅 郭祖龙◎编著

电子工业出版社·
Publishing House of Electronics Industry
北京·BEIJING

内 容 简 介

本书是专为初学者和对 LangChain 应用及大语言模型（LLM）应用感兴趣的开发者而编写的。本书以 LangChain 团队于 2024 年 1 月发布的长期维护版本 0.1 为基础，重点介绍了多个核心应用场景，并且深入探讨了 LCEL 的应用方式。同时，本书围绕 LangChain 生态系统的概念，详细探讨 LangChain、LangServe 和 LangSmith，帮助读者全面了解 LangChain 团队在生成式人工智能领域的布局。此外，本书还介绍了开源模型运行工具，为读者引入本地免费的实验环境，让读者能够亲自动手进行实际操作。

通过本书，读者可以真正体验到 LangChain 在从原型到生产的 LLM 应用开发和上线闭环体验方面的优势，全面了解 LangChain 的概念、原理和应用，并且获得实际开发 LangChain 应用的经验。本书示例丰富，内容通俗易懂，既可作入门教程，也可供相关技术人员参考。

图书在版编目（CIP）数据

LangChain 实战：从原型到生产，动手打造 LLM 应用 / 张海立，曹士圯，郭祖龙编著. —北京：电子工业出版社，2024.4

ISBN 978-7-121-47545-0

Ⅰ. ①L⋯　Ⅱ. ①张⋯　②曹⋯　③郭⋯　Ⅲ. ①程序开发工具　Ⅳ. ①TP311.561

中国国家版本馆 CIP 数据核字（2024）第 056625 号

责任编辑：孙学瑛
印　　刷：三河市良远印务有限公司
装　　订：三河市良远印务有限公司
出版发行：电子工业出版社
　　　　　北京市海淀区万寿路 173 信箱　　　　邮编：100036
开　　本：720×1000　　1/16　　印张：16.75　　字数：272 千字
版　　次：2024 年 4 月第 1 版
印　　次：2024 年 6 月第 3 次印刷
定　　价：89.00 元

凡所购买电子工业出版社图书有缺损问题，请向购买书店调换。若书店售缺，请与本社发行部联系，联系及邮购电话：（010）88254888，88258888。

质量投诉请发邮件至 zlts@phei.com.cn，盗版侵权举报请发邮件至 dbqq@phei.com.cn。

本书咨询联系方式：sxy@phei.com.cn。

推荐序一

我很荣幸为《LangChain 实战》撰写推荐序。三位作者张海立、曹士圯和郭祖龙都是来自一线的实战派。其中，张海立和郭祖龙是我的同事，这些年他们孜孜不倦地把云原生的实践引入驭势科技，为自动驾驶云脑创建了一个具有高鲁棒性和高可扩展性的云基座，在大模型时代来临之际，他们又顺势而为，迅速成为推动驭势科技内部人工智能生产力探索的主要成员。

自从 2022 年 11 月 30 日 ChatGPT 横空出世，我参加过无数个线上或线下的研讨会。99%的"吃瓜群众"或兴高采烈、或忧心忡忡地开始思考 AI 如何改变自己和孩子的未来，99%的程序员在小圈子里疯狂转发 Copilot 自动生成代码的文章，99%的企业家在公司的会议上谈论 GPT 对业务或人员带来的影响，然而，真正的行动者只有 1%，只有行动者才有可能成为未来的主人。

每个行动者都有不同的切入点，比如，设计师可能从 Midjourney 切入，HR 可能会先做一个简历总结、筛选工具或出题工具，程序员一般会先尝试 IDE 的 Copilot。对一个有志于开发 AI 原生应用的开发者来说，就没有那么简单了：这位开发者集产品经理、架构师和程序员于一身，既要解决模型、数据，又要编写业务逻辑，还要做一堆 Bookkeeping 的工具，如此，LangChain 就是最佳的切入点。LangChain 作为一个框架，它连接模型、数据和业务逻辑，支持开发者快速开发出应用原型，并且支持应用在生命周期中不断迭代。

本书对 LangChain 的框架、组件、工具和服务等做了完整的阐述，并且结合一些典型场景，深入浅出地介绍了开发、部署、监控全流程的开发过程，可读性和实战性都很强。

如果说 OpenAI 公司仅用 8 天就完成了 ChatGPT 的开发，则开发者也可以通过 LangChain 用一个星期开发一个原生应用。这个时代和以前相比，最大的一个变化在于"一个人就是一支军队"，从 Midjourney 的 11 名员工到 Pika 的 4 名员工，正是因为像 LangChain 这样的基础设施和开源生态，以及大模型算力取代了大量员工的脑力，让少数核心员工的脑力被无限放大。

LangChain 的 Chain，串联起来的不仅仅是模型、数据和业务逻辑，还有大量的 Agent。如果说传统组织的能力在于，把很多人编排成一个团队，让成千上万容易犯错的人能够一起修建一个可靠性极高的"核电站"，则未来的组织是把人和 Agent 编排成一个高生产力的团队，而管理这个团队的基础，从机制到制度和流程，都可能基于 LangChain 这样的基础设施。

当然，LangChain 不到两年的发展过程也并非是一帆风顺的，它曾经受到不少质疑，有人认为它适合入门、不适合生产，也有人质疑它的代码质量和设计逻辑。如今，它经历了被质疑到被理解再到被拥抱的过程，成为打开大语言模型世界的首选。任何一个开源项目的成功，都有幸运的成分，但在其底层逻辑中又有其必然性。"凡夫畏果，菩萨畏因"，希望大家从本书中学到的不仅仅是一些 API 和工具的相关知识，更能从中悟出一个好框架、一个在众多竞争中脱颖而出的开源项目成功的原因。

三位作者都是在创业的忙碌之余，边实践边写作，2023 年年底成书（彼时 LangChain 进入公众视野也不过 1 年出头），殊为不易。这可能就是时代的特征，已经不可能等一切落定后再沉淀成书，一切都在变化之中完成，又在变化之中演进。期待本书的第 1 版能够成为有志于快速进入 AI 原生应用开发领域的开发者的及时雨，LangChain 会不断更新迭代，以更新的版本让大家始终立于潮流之巅。

驭势科技联合创始人兼 CEO　吴甘沙

当初认识海立是在 2007 年，那时他还在复旦大学软件学院读研究生，由于英特尔和复旦大学建立的联合创新中心项目，我们有机会在一起工作。从复旦大学毕业后，海立留在英特尔工作，后来他加入了驭势科技，10 多年来，我有幸见证了海立的成长。

从 2007 年到现在，我们见证了移动互联网、云计算、人工智能给工业界及整个社会带来的巨大变革。海立也在这个时代中与时俱进，拥抱每一阶段的前沿技术，从最早的 Web 前端，到后来的 HTML5，再到云原生及人工智能，他深知将理论知识和技术应用紧密结合的重要性。除了在所从事的项目上深度实践，充分应用这些新技术为所在公司的产品提升竞争力，海立还充满热忱地利用不同的渠道对新技术进行传播，而本书的诞生，正是海立开源大语言模型应用开发框架传播工作的一部分。

大语言模型（LLM）的快速发展为整个社会带来了巨大的机遇。除了大语言模型的构建及大语言模型在不同应用场景的无缝嵌入，针对特定的大语言模型应用场景提高应用服务的开发效率及灵活性也是充分发挥大语言模型强大能力的一个重要方面。LangChain 因此而生，它正日益成为大语言模型应用开发入门或提高的有益工具。基于 LangChain 开发的应用的部署方式灵活，既可以部署到服务器中，也可以集成到 Web 交互界面中。此外，LangChain 拥有强大的社区支撑和丰富的官方文档，是目前使用非常广泛的大语言模型应用开发框架之一。

在本书中，海立和他的写作团队详细介绍了 LangChain 的核心模块、组件和链式调用机制，并且通过一些大语言模型的具体应用场景来深入阐述运用 LangChain 开发实际应用的技巧。这些应用实战示例涵盖了开发、部署和监控的全流程设计，充分说明基于 LangChain 大语言模型应用开发框架足以开发一套拥有完整的生命周期的解决方案。

通过本书，读者应当可以从作者的分享中深入理解 LangChain 的相关概念。本书用清晰的讲解、实际的案例分析和易于理解的示例代码，帮助读者深入理解 LangChain 的工作原理和应用场景，从而充分体会 LangChain 生态系统如何在保留灵活性和可扩展性的同时降低大语言模型应用的开发门槛，进而推动大语言模型在实际场景中的落地。

"纸上得来终觉浅，绝知此事要躬行。"期待读者在阅读完本书之后，能够基于 LangChain 将书中的方法和技巧运用到实际的大语言模型应用开发中，从而推动大语言模型应用的落地，相信这也是海立和他的写作团队撰写本书的初衷。

华东师范大学特聘教授　黄波

本书深入探讨了 LangChain 这一大语言模型应用开发框架。作者凭借其丰富的知识和实践经验，为大家展现了大语言模型发展的前沿。本书不仅全面解读了 LangChain，详细介绍了 LangChain 的技术细节，还探讨了其在实际项目中的应用，提供了对大语言模型技术和其未来趋势的深入思考。本书通过详尽的案例分析和解释，帮助读者深入理解 LangChain 的工作原理和应用领域，为读者提供一条全面而深入的学习路径。无论是新手还是资深开发者，都能在本书中获得珍贵的知识和灵感。对所有对大语言模型应用开发感兴趣的读者来说，本书无疑是一份珍贵的资源。

——青云科技研发副总裁　KubeSphere Creator　周小四

我和本书的几位作者是在 EMQX 开源社区中熟识的，他们在相关技术领域的卓越理解和对技术的"极客精神"，让我深感佩服，而最近他们又踏上了探索大语言模型技术的征程。2023 年被誉为大语言模型爆发元年，引领了一波开源社区的创新浪潮，其中，LangChain 凭借优秀的表现脱颖而出。作者全面剖析了 LangChain 的总体框架、各组件的功能和关系，内容涵盖了常见的应用开发，最后还将 LangChain 与其他开源框架进行了比较。对于渴望迅速了解和掌握 LangChain 与通用模型开发的人群，我力荐此书。

——EMQ 联合创始人兼 CPO　金发华

本书是初学者的入门指南。无论是前端开发者、后端开发者，还是对 AI 感兴趣的初学者，凭借本书清晰的讲解、实用的案例和易于理解的代码，都能深入了解 LangChain 的工作原理和应用场景。遵循书中的建议，开发者可以开发出创新和有效的解决方案，充分发挥通用人工智能的潜力。本书不容错过！

——中国信息通信研究院"汽车云工作组"组长　马龙飞

LangChain 在 LLM 的背景下应运而生。它不仅提供了一种高效组合和利用大语言模型的方法，而且开启了一扇探索人机协作新境界的大门。LangChain 是一种框架，它使开发者能够将语言处理的各个组件（如文本理解、推理、生成等）串联起来，形成一个高效、协同工作的处理链。这一技术不仅简化了复杂流程的构建，还增强了系统的适应性和扩展性，使开发者能够快速响应不断变化的商业需求和技术挑战。

本书可以指导大家如何将 LangChain 技术融入实际项目。作为这一重要领域的先行者，本书作者为大家提供了一本拥有深入浅出的原理阐述、丰富的实战案例及详细的操作步骤的专业书籍，让大家能够真正掌握使用 LangChain 开发先进语言处理应用的能力。

我真诚地为每一位对人工智能、自然语言处理和机器学习充满热情的读者推荐本书。无论您是在寻求深化技术理解还是渴望应用创新解决方案，本书都将为您提供必要的知识和启发。

——阿里云高级技术专家　开源大数据 OLAP 负责人　范振

一入 LLM 深似海，若踽踽独行，则易撞南墙。LangChain 的全景生态为开发者提供了极大的便利，它具有完整闭环的快速编码、持续构建、实时监控等特性。更让人眼前一亮的是，在提供可靠基础的同时，本书还详尽地介绍了产品试金石——LangSmith，深度推进可观测性理念，匠人精神一览无余，我作为可观测性领域从业者也由衷赞叹。

——观测云 Ted@掘金社区　观测云高级产品技术专家　刘刚

旧约《圣经》中，上帝为了阻止人类建造通天塔，创造了不同的语言，使人们无法自由地沟通，无法通力合作，最终无法建成通天塔。放眼当下，大语言模型众多，各有特色，让那些想投身 AI 开发，创建自己的 AI 应用的开发者挑花了眼，不知道要选什么大语言模型，如何协同不同的模型，最终踟蹰不前，想象中的 AI 应用就如通天塔一样无法建成。

在这样的情况下，LangChain 的诞生给 AI 应用开发者带来了曙光。它抽象了对底层大语言模型的调用，定义了自己的工作流和语言。AI 应用开发者只需要和 LangChain 对话，它就会把开发者的意图"翻译"给不同的大语言模型去处理。如此，开发者可以自由切换并调用不同的大语言模型，而无须大量的改动，大大降低在不同大语言模型之间试错的成本，快速推进 AI 应用的开发。

本书的作者结合丰富的经验，将 LangChain 这个新兴的 AI 应用开发框架深入浅出地呈现在广大的开发者面前。对立志投身于 AI 应用开发的开发者来说，本书是非常值得阅读的 LangChain 入门书。

——某量化对冲基金 CIO　朱峥嵘

在过去的十五年里，我从 HTML5 的初探者成长为云原生（Cloud Native）的实践者，最终步入通用人工智能（Artificial General Intelligence，AGI）的时代进行探索。每个时代都有其独特的技术特点和发展趋势，而我始终坚信，无论时代如何变迁，将理论知识和技术应用紧密结合都是非常重要的。

在 HTML5 时代，我见证了 Web 技术的飞速发展，它不仅改变了人们使用互联网的习惯，也为后来的技术发展奠定了基础。进入云原生时代后，我的研究领域扩展到了容器云、微服务、Serverless 等技术，这些技术极大地提高了软件开发的效率和灵活性。如今，随着通用人工智能时代的到来，我见证了大语言模型的崛起，它们在语言处理、图像识别等领域展现出惊人的潜力。但与此同时，我也认识到，充分发挥这些大语言模型的能力需要有效的应用开发框架来支持。LangChain 正是在这样的背景下崭露头角的。

LangChain 是一个开源的大语言模型应用开发框架，它不仅功能强大，而且易于学习和使用。在探索 LangChain 的过程中，我深切地感受到，无论是前端开发者还是后端开发者，无论是否具备 AI 专业知识，都可以通过 LangChain 来开发自己的应用和产品。这激发了我通过架构图绘制、视频讲解和案例分享的方式，尽可能地将 LangChain 的复杂概念和应用技巧简化，从而将我学习到的知识和经验传播给更多的人的热情。在这个过程中，我与社区成员们共同探讨技术难题，交流心得。这种互动不仅使我能够深入地理解 LangChain，更重要的是，它让我意识到知识传播的价值。我希望通过我的努力，能够帮助初学者和同行更好地理解和应用 LangChain。

为了更好地向社区伙伴们传递 LangChain 的最新技术和应用方法，我与两位 LangChain 爱好者——曹士坦、郭祖龙紧密合作，共同撰写了本书。我们的目标是，基于 LangChain 的核心理念和功能，为读者提供全面、深入的学习路径。在这个过程中，我们不仅会和大家一起探索 LangChain 的开源稳定版本（0.1），也会着眼于整个 LangChain 生态系统，对其进行多维度展示。

我们在书中特别强调了 LangChain 的最新应用开发方式，例如 LCEL。这种方式不仅代表了 LangChain 技术的前沿，也体现了我们对技术传播和实用性的重视。我们致力于通过清晰的讲解、实际的案例分析和易于理解的示例代码，帮助读者深入理解 LangChain 的工作原理和应用场景。

通过本书，我们希望能够激发读者对 LangChain 的兴趣，为他们提供可靠的学习资源。我们相信，无论是技术新手还是有经验的开发者，都能从中获得宝贵的知识和灵感，进而在自己的项目和研究中使用 LangChain 开发出具有创新性和有效的解决方案。

在深入阅读本书之前，这几点建议可能会帮助您更好地理解和应用书中的内容。首先，本书假设您具备基本的 Python 编程能力，以及在 Linux 或 macOS 系统上进行软件安装的基础知识。这些技能将帮助您更顺畅地理解书中的示例代码和操作步骤。其次，我们建议您采取两个阶段的阅读方法来深化对 LangChain 的理解。

- 初步阅读：在首次阅读时，建议您整体浏览全书，了解 LangChain 生态系统的基本概念和组成部分。特别是理解各个组件在 LangChain 生态系统中的角色和功能。此时，可以初步浏览示例代码部分，无须深入。

- 深入阅读：在第二次阅读时，建议您结合示例代码深入理解 LangChain 的开发细节。您可以重点阅读单独介绍 LCEL 语法和 Runnable Sequence 中可用组件的相关小节，以此来有效地熟悉和掌握 LangChain 推荐的推理链编写方式。书中所有的示例代码都可以运行，您可以从 GitHub 代码仓库中获取并进行实际操作，以加深理解。

本书共分为 9 章，每章围绕 LangChain 的不同方面展开，旨在提供全面而深入的指导。

"第 1 章　LangChain 生态系统概览"是必读内容，为读者全面介绍 LangChain 生态系统的布局，并且通过解析一个官方的生产级应用 Chat LangChain，帮助读者初步认识 LangChain 生态系统。

"第 2 章　环境准备"对读者随阅读进行代码的编写来说非常关键，这一章的重点是 Ollama 的使用和 llama2-chinese 模型的部署。

第 3 章到第 6 章结合具体的应用场景，深入讲解 LangChain 的核心模块。同时，会详细介绍 LCEL 语法和 Runnable Sequence 中可用的 Runnable 组件。在实际编写代码前，建议重点阅读这几章。

"第 3 章　角色扮演写作实战"引入并讲解 Model I/O 三元组的概念和应用。

"第 4 章　多媒体资源的摘要实战"探讨如何使用 LangChain 加载、处理多媒体资源中的文本内容。

"第 5 章　面向文档的对话机器人实战"深入讲解 Retriever 模块的机制和应用，同时解析检索增强生成（Retrieval Augmented Generation，RAG）的流程及其关键组件。

"第 6 章　自然语言交流的搜索引擎实战"详述如何利用 Agent 和思考链构建自然语言处理的搜索引擎，并且介绍了 Callback 模块的功能。

"第 7 章　快速构建交互式 LangChain 应用原型"介绍如何将推理链快速转化为本地和云端应用，特别介绍了如何使用 Streamlit 和 Chainlit 框架在云端快速发布原型。

"第 8 章　使用生态工具加速 LangChain 应用开发"深入讲解 3 个关键的生态工具——LangSmith、LangServe 和 Templates&CLI。

- LangSmith：详细介绍 LangSmith 的功能和如何使用 LangSmith 监控 LangChain 应用。

- LangServe：详细介绍如何将 LangChain 应用部署至 API，提高应用的可访问性和性能。

- Templates&CLI：详细介绍如何使用应用模板和命令行界面快速启动 LangChain 项目。

"第 9 章 我们的'大世界'"展望更广阔的大语言模型应用开发领域。本章不仅分析和比较了 LangChain、LlamaIndex、AutoGen 框架，还探讨了基于 LangChain Hub 的各种应用场景和通用人工智能的认知架构的发展。

- 大语言模型应用开发框架的"你我他"：分析和比较三大框架的特点和应用场景。

- 从 LangChain Hub 看提示词的丰富应用场景：基于 LangChain Hub，总结热门提示词领域及其丰富的应用场景。

- 浅谈通用人工智能的认知架构的发展：讨论通用人工智能的认知架构概念，以及其在开源和闭源发展中的现状和趋势。

本书中所有的示例代码及其参考资料都可以从 GitHub 代码仓库中获取。

感谢支持和帮助我们的家人们，是他们的理解和包容，才让本书得以完成。在我们疲惫或灰心时，是家人们的关怀支持着我们继续前行。

同时，我们也要感谢电子工业出版社的孙学瑛老师。她专业的指导帮助我们逻辑清晰地组织了本书的内容，使本书更加易读易用。她严谨的工作态度和敬业精神，也激励着我们不断完善作品。

LangChain 是一个非常有前途和影响力的框架，它的快速发展让所有参与者都对它充满热情和期待。然而，任何新事物在发展过程中都难免遇到困难。作为早期探索者，我们的能力和经验有限，在内容创作上也会不可避免地存在一些缺陷。如果各位读者发现内容中有任何错误或不足之处，请您提出宝贵意见，我们会虚心接受、认真改进。

最后，我们由衷地感谢所有的读者，您的支持就是我们最大的动力。我们衷心希望本书能成为您的有益工具。通过本书，我们也希望能够帮助更多的开发者和技术爱好者走在技术的前沿，探索和创造更多的可能。

张海立

2024 年 3 月

读 者 服 务

微信扫码回复：47545

- 获取本书配套代码及讲解视频、LangChain 技术新动态
- 加入本书读者交流群，与作者互动
- 获取【百场业界大咖直播合集】（持续更新），仅需 1 元

目录

第 1 章

LangChain 生态系统概览

作为一个面向大语言模型应用开发的框架，LangChain 拥有结构完整的生态系统，经过重大调整，已经具备了涵盖开发、部署、监控全流程的设计，如图 1-1 所示。

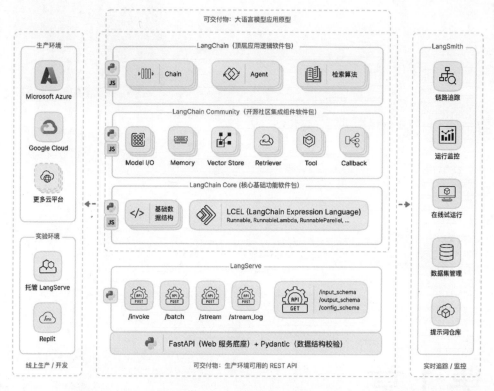

图 1-1　LangChain 生态系统

1.1　LangChain 生态系统的布局

LangChain 团队正通过核心项目与关键产品，构建大语言模型应用的全生命周期解决方案。目前，LangChain 生态系统是围绕着 LangChain、LangServe 和 LangSmith 来打造的。

（1）以 LangChain 项目为核心的快速应用原型开发：LangChain 项目本身提供了模块化、可编排的构件。它使原型开发变得敏捷，特别是通过 Chain、Agent 等模块组合，可以实现特定用例的快速验证。丰富的预置集成与模板不仅极大地降低了开发门槛，也为用户提供了低成本的创新尝试通道，用户可以通过不断试错推进应用开发。

（2）以 LangServe 项目为核心的生产级服务开发：LangServe 致力于进一步激活这些创意，实现应用的产品化。它通过为 LangChain 应用自动生成实验界面、服务端点等，使之可以"一键"部署上线。此外，其 FastAPI 底层也保证了生成服务的性能。这使应用可以轻松接入真实场景，收集用户反馈，得到实际验证。

（3）以 LangSmith 平台为核心的全生命周期实时追踪和监控：LangSmith 提供了全生命周期的数据与洞察。它具备日志追踪、监控预警等能力，帮助用户全方位洞察应用的运行状态，包括用例覆盖、性能表现、使用情形等。它还提供了用户反馈的主动收集与分析功能，借此，用户可以有针对性地优化产品，使产品更加契合市场。

可以看出，这三者在应用建设的不同阶段发挥着协同效应：LangChain 促进原型开发，LangServe 实现快速生产环境落地，而 LangSmith 持续优化产品。它们共同构成了一套拥有完整的生命周期的解决方案。通过它们的有机衔接，开发团队可以大幅度降低建设成本，使创意更容易实现商业化。

此外，LangChain 团队还提供了应用模板（Template）和 CLI（Command Line Interface）命令行工具。应用模板实现了官方参考应用的一键获取，开发者可以基于示例应用进行二次开发。模板库覆盖了问答、对话、语音识别等多种类型的应用，可以加快开发者的学习速度。而 LangChain CLI 则提供了简洁易用的命令行操控指令，指导用户构建 LangChain 应用。这类工具封装了复杂的内容，将其抽象成更容易使用的接口和指令，将 LangChain 的强大能力通过命令式交互暴露给终端用户。

考虑到 LangChain 项目本身比较庞大，并且又在 2024 年初才正式发布了 0.1 版本（这是对其内部结构进行的一次重要架构调整），所以我们先对其软件包的组织方式和核心功能模块进行整体性介绍。

1.1.1　LangChain 软件包的组织方式

如图 1-1 所示，LangChain 项目目前把软件包主要拆分成了 3 部分：核心基础功能软件包 LangChain Core、开源社区集成组件软件包 LangChain Community 和顶层应用逻辑软件包 LangChain。这样的拆分有利于集成式组件的解耦，也让开发者可以根据需要选择使用不同的软件包。在开发层面，LangChain 提供 Python 和 JavaScript/ TypeScript（JS/TS）两种编程语言的 SDK，方便开发者构建应用。

（1）LangChain Core 包含了 LangChain 核心的数据结构抽象及自主研发的表达式语言 LCEL（LangChain Expression Language），让开发者可以很方便地定义各种自定义链。它的版本已经达到 0.1，未来的任何破坏性变更都会执行小版本升级（0.x），以确保其稳定性。这些简单而模块化的抽象，为第三方集成提供了标准接口。

（2）LangChain Community 是 LangChain 集成各种第三方 AI 模型和工具的地方。这部分会不断扩充，为开发者提供丰富的工具集。同时，主要的集成（例如 OpenAI、Anthropic 等）将被进一步拆分为独立软件包（例如 langchain-openai、langchain-anthropic、langchain-mistralai 等），以更好地组织依赖、测试和维护，这使集成代码的质量和稳定性都有所提高。目前，LangChain 拥有近 700 个集成。

（3）LangChain 部分包含了 LangChain 的各种典型链模板（Chain）、Agent 和检索算法，是构建大语言模型应用的基础工具包。开发者可以直接使用这些模块搭建应用，然后基于 LangChain Core 自定义链的方式进行扩展。

这个软件包组织架构可以使整个 LangChain 生态系统的模块更加独立，职责更加明确。它提高了核心基础功能部分的稳定性，减少外部依赖，使维护更加容易。同时，它强化了生态系统内项目间的互动与协同。

LangChain 生态系统中还存在一些具有实验性的内容，这些内容会通过 langchain-experimental 软件包进行发布。它承载了前沿的 Chain、Agent 等模块，这些模块通常具有以下特点。

（1）更富探索性，代表了 LangChain 的一些新思路。

（2）存在风险，比如会带来一定的安全隐患。

将这些具有实验性的内容整合到单独的包中，有利于其与核心框架解耦。它可以给予开发者更大的探索空间，同时在语义上明确了这部分内容的不稳定性。开发者可以根据自身的风险偏好，自主决定是否启用这些新功能。

在开发语言层面，Python 和 JavaScript 作为 LangChain 生态系统的两大支柱，也会在核心抽象层面趋于统一，在集成与应用层面保持一定的灵活性。

（1）LangChain Core 在两种语言之间已经高度对等，保持功能一致是长期的重点工作。

（2）由于 LangChain Community 承载第三方集成的特性，因此两个语言包的功能覆盖不完全相同，会由各自的路线图决定。

（3）LangChain 软件包处于两者之间，长期的目标是希望具有较高的跨语言兼容性。

总体上，LangChain 软件包的组织方式使 LangChain 生态系统呈现出"上有策略（LangChain）、下有基石（LangChain Core）"的局面。"策略"与"基石"相辅相成，再加上社区（LangChain Community），三者共同驱动着应用的繁荣。值得期待的是，在不久的将来，会有越来越多的大语言模型应用架构、工具和端到端解决方案构建于此架构之上。

1.1.2　LangChain 核心功能模块概览

LangChain 各个软件包内部的核心功能模块如图 1-2 所示。请留意图中的虚线箭头，它代表数据流转方向，实线箭头则代表模块之间常见的调用关系。

核心基础功能软件包包括基础数据结构和 LCEL。LangChain 的基本数据结构被设计为尽可能模块化和简单。这些抽象的数据结构包括大语言模型、文档加载器、向量化模型、向量存储、检索器等。拥有这些抽象数据结构的好处是任何开发者都可以实现所需的接口，轻松地在 LangChain 的其余部分中使用。

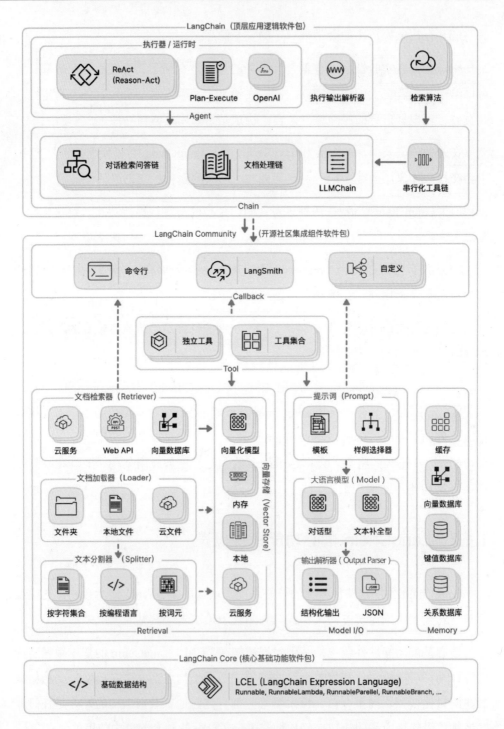

图 1-2　LangChain 各个软件包内部的核心功能模块

LCEL 是 LangChain 生态系统中非常重要的轻量级的私有表达式语言，它用于连接 LangChain 中的提示词模板、大语言模型、格式化输出、文档检索等不同的模块，形成自定义调用链。借助 LCEL，开发者可以结合应用需求，灵活组合各类模块以实现自定义逻辑。LCEL 不仅降低了学习 LangChain 的成本，也提升了 LangChain 框架的可编程性。此外，基于 LCEL 编排的自定义调用链具有统一的调用接口，支持包括并行、流处理、异步调用等在内的各种使用方式，这为 LangChain 应用的使用及部署，特别是通过 LangServe 实现接口服务化，提供了极大便利。基于 LCEL 编排的自定义调用链还与 LangSmith 无缝集成，从而具有一流的可观察性。LangSmith 帮助开发者了解基于 LCEL 编排的自定义调用链中各个步骤的确切顺序是什么、输入到底是什么及输出到底是什么，使基于 LCEL 编排的自定义调用链的开发调试效率大大提高。

开源社区集成组件软件包包含了多个核心功能模块，包括 Model I/O、Retrieval、Memory、Tool 和 Callback。

（1）Model I/O 模块是与大语言模型输入/输出相关的核心模块，它具有 3 个子模块，可以实现灵活的模型集成。

- 提示词（Prompt）模块用于构建向大语言模型提供的提示词，主要提供模板和样例选择器两个主要功能。模板可以预定义提示词结构，实现提示词的复用。模板内可以插入变量，根据运行时条件生成不同的提示词，大大简化了提示词的编写过程。样例选择器可以在提示词目录中挑选合适的提示词。比如根据模型类型、目标任务等条件选择提示词，或者从示例集合中选取适合的样本。

- 大语言模型（Model）模块提供与大语言模型相关的功能。考虑到不同供应商之间的区别，它提供了对话（Chat）和文本补全（LLM）两类模型。对话模型专门用于对话，文本补全模型则针对文本生成任务。不同供应商提供的模型类型不同，这种区分隔离了模型使用的差异。

- 输出解析器（Output Parser）模块提供各种输出解析器，它将模型输出转换为结构化格式，方便程序处理。常用的解析器包括 JSON、CSV、结构化文本等。某些解析器还会返回反馈提示词，提高后续交互的格式化效果。

（2）Retrieval 模块实现对知识源的查询与组织，它具有 4 个子模块，可以协同为模型提供外部知识。

- 文档检索器（Retrieval）模块提供从向量数据库检索相关文档的功能。它可以直接基于向量检索，也可以结合外部知识库、Web API 等进行检索，只要能返回相关文档，就可以满足下游需求。

- 文档加载器（Loader）模块从各种来源获取文档。它支持本地文件、网络爬虫等。不同来源的文档可以被统一加载到系统中。

- 文档需要考虑向量化模型的长度限制，往往需要对超长文档进行拆分。文本分割器（Splitter）模块提供了按文字长度、代码结构、标点符号等不同的拆分方法。

- 向量存储（Vector Store）模块由向量化模型和各类向量数据库（例如内存、本地、云服务数据库等）构成。文档首先由向量化模型转化为向量，然后存储到数据库中。向量存储包括内存向量存储、自建向量引擎、云向量服务等。不同介质的查询性能和运维需求不同。

（3）Memory 模块记录对话模型的历史对话信息，这为构建连续对话流程提供了支持。Memory 模块提供了基于内存、数据库等不同介质的存储方式。除存储外，Memory 模块还提供将历史信息反馈给模型的功能。

（4）Tool 模块提供了丰富的预置工具，可以帮助开发者接入本地和 Web 服务，从而帮助开发者通过 Tool 模块扩展 Agent 的功能，降低开发复杂对话系统的难度。值得注意的是，在自定义的 Tool 中是完全可以调用 LangChain 的各个功能模块的，例如调用 Model I/O 和 Retrieval 模块，甚至可以直接调用 Chain 和 Agent 模块。

（5）Callback 模块提供钩子注册模型执行过程中的关键节点，常用于日志记录、性能测量等。Callback 模块支持打印日志、可视化工具集成等。开发者可以方便地定制 Callback 模块以集成其他后端。

这几个模块构建了 LangChain 的基础模块能力，同时，LangChain 还提供了丰富的扩展组件库。社区组件库中的集成组件实现了对 LangChain 基础模块能力的扩展和增强，开发者可以根据应用场景进行集成，并且这些组件是开放的，支持开发者和第三方贡献新的组件。这种可扩展的设计，有利于 LangChain 快速丰富组件种类，也使社区协作变得更容易。

在顶层应用逻辑软件包中，LangChain 针对常见场景实现了一套 Off-the-Shelf（既有即用的）应用组件，包括对话管理、多轮交互、语义解析等。这些组件已预置在 LangChain 中，开发者在简单导入后，即可快速搭建如对话机器人、文档总结问答等应用原型。

（1）Chain 模块实现不同模块组合的工作流程，它将 Model I/O、Retrieval、Memory 有机结合。Chain 模块提供了灵活的方式组织内部的调用链。几个典型的 Chain 包括：结合对话模型和 Memory 模块，构建会话能力；结合 Retrieval 模块和 Model I/O 模块实现私域知识问答等。

（2）Agent 模块通过组合内部 Chain 和外部函数，实现更复杂的情景化对话流程。它包含多种执行器和执行模式，例如它可以使用 ReAct（Reason-Act）等推理模式定义复杂任务的步骤，并且与模型交互完成；也可以使用 OpenAI 等大语言模型接受函数列表，让模型按需调用，实现函数驱动的执行流程。

LangChain 支持很多不同的检索算法，高级检索算法模块通过 Chain 模块或 LCEL 自定义调用链实现一系列开箱即用的复杂检索逻辑，比较有代表性的高级检索算法如下。

（1）父文档检索器（Parent Document Retriever）：它允许为每个父文档创建多个向量表达，从而允许开发者查找较小的块，但返回更大的上下文。

（2）多维度检索器（MultiVector Retriever）：有时开发者可能希望从多个不同的源检索文档，或者使用多个不同的算法。多维度检索器可以帮助开发者更轻松地做到这一点。

可以特别留意的是，顶层应用逻辑软件包中的模块通常是通过调用或串联开源社区集成组件软件包中的模块来实现其功能逻辑的，并且这些模块基本上都可以通过 Callback 模块提供的钩子来挂载额外的辅助业务逻辑。

总体来说，LangChain 生态系统目前已经初步形成了一套从原型开发到生产部署的全流程方案。它主要提供了 Off-the-Shelf 既有即用和 LCEL 可编程两种使用方式，前者通过导入就能快速体验，后者则可以实现更精细的控制。开发模板库帮助开发者快速生成应用原型底座，LangServe 将应用链快速部署为服务，LangSmith 平台保证了应用的可观测性。LangChain 生态系统降低了开发门槛，也保留了灵活扩展的可能性。这套设计思想值得我们学习借鉴，有助于推动大语言模型在实际场景中的落地应用。

1.2 从 Chat LangChain 应用看生态实践

LangChain 生态系统为构建 AI 应用提供了模块化、可组合的工具链，从而支持快速迭代开发流程。为了展示生态系统的功能，LangChain 团队发布了一个名为 Chat LangChain 的示例应用，它的运行界面及查询结果界面如图 1-3 和图 1-4 所示。

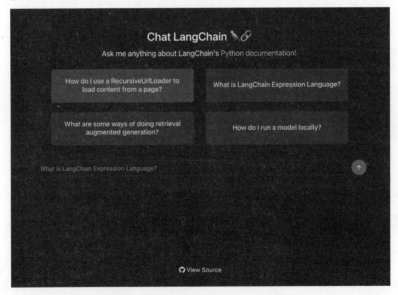

图 1-3　Chat LangChain 的运行界面

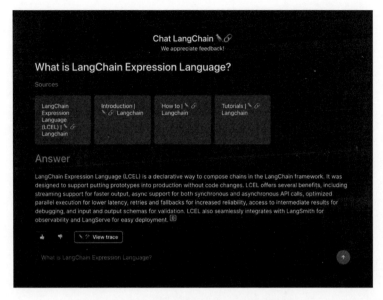

图 1-4　Chat LangChain 的查询结果界面

Chat LangChain 是一个知识问答聊天机器人，它完全基于 LangChain 生态系统中的组件构建。通过该示例应用，我们可以清晰地看到 LangChain 生态系统中的组件是如何协同工作的。比如，LangChain 提供了强大的大语言模型与检索能力，LangServe 支持模型服务化，LangSmith 实现了评估与优化。可以说，Chat LangChain 展示了一个从数据源到可部署的 AI 应用的构建方案。下面我们结合 Chat LangChain 的源代码为大家简要拆解这个应用，帮助大家更直观地认识 LangChain 生态系统中的组件，而更多的细节将会在后面的章节中逐一展开。

1.2.1　读取和加载私域数据

Chat LangChain 的核心是 LangChain 生态系统中的三大支柱：LangChain 开源类库、LangServe 和 LangSmith。LangChain 开源类库集成了各种数据加载和处理工具，比如 Chat LangChain 首先使用了 SitemapLoader 和 RecursiveUrlLoader 来抓取相关文档页面并将它们转换为 Document 类型的数据结构。

对于 Python 文档这样结构化的知识源，我们可以利用站点地图（Sitemap）来自动加载相关页面。Chat LangChain 先通过 SitemapLoader 解析 sitemap.xml 文件来抓取所有站点相关文档页面的链接，再通过自定义的 HTML 解析器来提取文本内容和元信息。这部分的核心源代码大致如下。

```
docs = SitemapLoader(
    "https://python.langchain.com/sitemap.xml",
    filter_urls=["https://python.langchain.com/"],
    parsing_function=langchain_docs_extractor,
    default_parser="lxml",
    bs_kwargs={
        "parse_only": SoupStrainer(
            name=("article", "title", "html", "lang", "content")
        ),
    },
    meta_function=metadata_extractor,
).load()
```

而对于 API 参考文档这样没有站点地图的文档源，我们可以使用 RecursiveUrlLoader。它会从指定起始 URL 开始，通过递归爬取子页面来加载文档树。我们只需要配置过滤规则和解析器，就可以导入整个 API 参考文档，对应的核心源代码大致如下。

```
api_ref = RecursiveUrlLoader(
    "https://api.python.langchain.com/en/latest/",
    max_depth=8,
    extractor=simple_extractor,
    prevent_outside=True,
    use_async=True,
    timeout=600,
    check_response_status=True,
    exclude_dirs=(
        "https://api.python.langchain.com/en/latest/_sources",
        "https://api.python.langchain.com/en/latest/_modules",
    ),
).load()
```

SitemapLoader 和 RecursiveUrlLoader 使我们可以根据站点特性选择合适的加载策略。两者可以有效加载结构化文档源，为后续的索引与检索打下基础。

1.2.2　数据预处理及存储

加载原始文本文档之后，需要进行预处理来让它们变得更适合检索。首先，一些长页面包含大量无关内容，这会降低向量相似性搜索的效果。所以 Chat LangChain 使用 RecursiveCharacterTextSplitter 将页面划分成固定大小的文本块，并且有一定的重叠部分以保证上下文的完整性。

```
transformed_docs = RecursiveCharacterTextSplitter(
    chunk_size=4000,
    chunk_overlap=200,
).split_documents(docs + api_ref)
```

之后，Chat LangChain 通过 OpenAI 的向量化模型针对每一个文本块生成定长向量。这些高质量的语义向量才是检索的基础。最后，将向量和对应的文本块元信息存储到 Weaviate 向量数据库中。Weaviate 提供了高效的向量索引和搜索接口。

```
embedding = OpenAIEmbeddings(chunk_size=200)
vectorstore = Weaviate(
    client=client,
    index_name=WEAVIATE_DOCS_INDEX_NAME,
    text_key="text",
    embedding=embedding,
    by_text=False,
    attributes=["source", "title"],
)
```

到这里，Chat LangChain 已经为 LangChain 官方的 Python 文档和 API 参考文档创建了一个可查询的向量存储索引。

1.2.3　基于用户问题的数据检索

很多时候，用户的问题本身比较短小模糊，需要考虑上下文来理解用户真正的查询意图。因此 Chat LangChain 会先调用一个链路来改写原始问题。具体来说，Chat LangChain 会查看之前的聊天记录，试着把当前问题与上下文组合，生成一个更长更完整的版本。

```
# 改写用户问题的 LCEL 推理链
condense_question_chain = (
    PromptTemplate.from_template(REPHRASE_TEMPLATE)
    | llm
    | StrOutputParser()
).with_config(
    run_name="CondenseQuestion",
)
# 基于用户问题来检索数据（即匹配的 Python 文档内容）的 LCEL 推理链
retriever_chain = condense_question_chain | retriever
```

在构建推理链的部分，Chat LangChain 通过 LCEL 表达式（简单地说，就是由 | 操作符串联起来的一个表达式）高效而简洁地串联了提示词模板、大语言模型和输出解析器等模块。提示词模板控制了呈现聊天历史和原始问题的呈现方式，大语言模型负责文本生成与改写，输出解析器提取结果字符串。经过这一链路，一个补充了上下文的新问题就产生了。

之后，Chat LangChain 以这个新问题为查询语句，进行向量检索，查找相关文档。适当改写用户的问题对后续精确检索来说是非常重要的，Chat LangChain 在这里通过两个 LCEL 表达式实现了从原始问题到搜索查询的完整优化过程。

1.2.4　基于检索内容的应答生成

检索出相关文档后，还需要智能地组织内容以产生回答，这就是检索增强生成（Retrieval Augmented Generation，RAG）。它结合了搜索与原创性内容生成的优点。

RAG 的核心工作流程是：首先，将用户的问题和语料库进行匹配，找到相关文本片段，这是借助 Weaviate 向量数据库完成的；然后，将用户问题、对话历史记录，以及检索结果一起提供给大语言模型，让它根据这些内容创作出一个语言顺畅、有依据的回答。我们会在 5.3 节中详细介绍 RAG 的相关内容。

在 Chat LangChain 中，完整的 RAG 链路大致是这样实现的。

```
# 通过 LCEL 的 RunnableMap 对象并行地准备上下文数据：检索结果、用户问题、对话历史记录
_context = RunnableMap(
    {
        "context": retriever_chain | format_docs,
        "question": itemgetter("question"),
        "chat_history": itemgetter("chat_history"),
    }
).with_config(run_name="RetrieveDocs")
# 为 Chat Model 准备提示词模板，其中包括系统提示词和历史对话记录
prompt = ChatPromptTemplate.from_messages(
    [
        ("system", RESPONSE_TEMPLATE),
        MessagesPlaceholder(variable_name="chat_history"),
        ("human", "{question}"),
    ]
)


# 通过 LCEL 语法构建 RAG 推理链
response_synthesizer = (prompt | llm | StrOutputParser()).
with_config(
    run_name="GenerateResponse",
)
# 通过 LCEL 语法构建最后的应答链：将上下文数据作为 RAG 推理链的输入
```

```
answer_chain = _context | response_synthesizer
```

如此一来，大语言模型既可以利用外部知识，也可以自己进行推理，从而创作出内容丰富、可信的回答。有文档来源作为依据也可以避免生成不存在的内容。

1.2.5 提供附带中间结果的流式输出

对聊天机器人这样的应用，通常非常看重首次响应时间的指标——也就是从用户发送问题到看到第一个回复之间的时间。为了让等待时间更短，需要使用异步并行的链路架构。Chat LangChain 通过 LCEL 的 Runnable 协议提供的 astream_log 方法来创建异步生成器，以并行运行链路，实时产生中间结果输出流。

```
stream = answer_chain.astream_log(
    {
        "question": question,
        "chat_history": converted_chat_history,
    },
    config={"metadata": metadata},
    include_names=["FindDocs"],
    include_tags=["FindDocs"],
)
```

于是在与 Chat LangChain 的对话中，聊天客户端可以通过这个流接口，实时显示检索出的文档，在回复可用时立即推送给用户，无须等待整个链路完全结束。这样，用户在提问后就可以第一时间看到相关信息，同时后台继续生成完整回复，优化了交互体验。LangChain 的 LCEL 语法和相关协议接口使异步与实时输出成为可能，是构建用户友好应用的重要接口，我们也会在后面的章节中重点介绍。

至此，Chat LangChain 通过 LangChain 开源类库完成了业务逻辑的编写，读者可以在这个应用的开源代码仓库中找到相关的完整代码（建议优先查阅根目录下的 chain.py、ingest.py、main.py 这 3 个包含核心流程的源代码文件）。

1.2.6　推理链的服务化和应用化

基于文档的问题推理逻辑已经构建完成，接下来还需要将推理链变成 Web API 服务，从而搭配前端，正式构建一个网页端可用的 AI 应用。

于是，LangServe 登场了。LangServe 提供了面向生产环境上线 LangChain 应用的重要支持。LangServe 可以将 Chat LangChain 从单机程序提升为具备标准 REST 接口的线上服务。在 Chat LangChain 的源代码中（详见 main.py 文件），我们可以清晰地看到对 LangServe 的使用。

```python
from fastapi import FastAPI
from fastapi.middleware.cors import CORSMiddleware
from langserve import add_routes

from chain import ChatRequest, answer_chain

# 构建 FastAPI 应用服务
app = FastAPI()
app.add_middleware(
    CORSMiddleware,
    allow_origins=["*"],
    allow_credentials=True,
    allow_methods=["*"],
    allow_headers=["*"],
    expose_headers=["*"],
)

# 通过 LangServe 将文档问答链绑定到服务的/chat 路径上，并且提供标准化的调用接口
add_routes(
    app, answer_chain, path="/chat", input_type=ChatRequest, config_keys=
```

```
["metadata"]
    )
```

在 LangServe 的加持下，Chat LangChain 的应用部署架构可以实现经典的前后端分离结构。

前端是一个 Next.js 聊天界面，使用了 Vercel 平台出品的 LangChain Starter 模板快速实现核心交互逻辑。Next.js 构建的 Web 应用可以一键部署到 Vercel 等平台。

后端是 FastAPI，它封装了问答链的具体实现，提供聊天接口给前端调用。同时，LangServe 负责连接 FastAPI，并且为其赋予统一的 LangChain 应用链接口（LangServe 支持在同一服务的不同路径下托管多个应用链）。

这套前后端设计完全契合了 Chat LangChain 的需求。Next.js 承载实时交互，FastAPI 和 LangServe 组合在一起提供稳定扩展的问答服务。两者相互配合，可以支持大规模用户聊天。

借助 LangServe，Chat LangChain 可以从试验型的本地应用转变成真正的产品级应用，为后续添加更多能力、扩展用户规模建立了坚实基石。我们也会在后面的章节中为大家详细介绍 LangServe 的使用方式。

1.2.7 追逐生产环境的调研链和指标

LangSmith 为 Chat LangChain 提供了面向 LangChain 应用的全生命周期的运行管理功能。在 Chat LangChain 从原型构建到生成使用的整个过程中，LangSmith 可以记录运行数据、评分、用户反馈及服务运行指标数据，这些都能成为优化 Chat LangChain 的宝贵资料。

在本地尝试运行 Chat LangChain 时，可以通过设置本地环境变量的方式将应用接入 LangSmith。

```
export LANGCHAIN_TRACING_V2=true
export LANGCHAIN_ENDPOINT="https://api.smith.langchain.com"
```

```
export LANGCHAIN_API_KEY=<Your LangSmith API Key>  # 从 LangSmith
平台获取您的 API Key
   export LANGCHAIN_PROJECT=<Your LangSmith Project Name># 可不填, 默
认为 default 项目
```

接入 LangSmith 后，开发者在本地运行的 Chat LangChain 上的每一次调研都可以通过 LangSmith 追踪完整的调研链路，如图 1-5 所示。

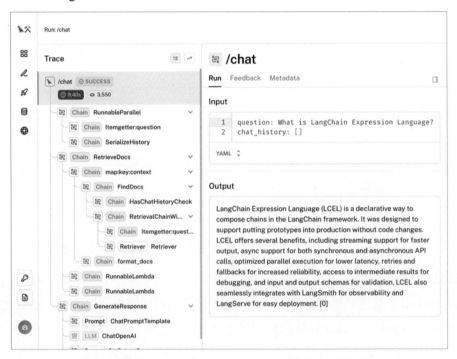

图 1-5 通过 LangSmith 平台追踪完整的调研链路

当然，在将 Chat LangChain 部署到生产环境后，LangSmith 还可以追踪各种关键业务指标。例如通过记录每次问答的执行日志，LangSmith 可以计算出"获取第一个词元的时间"（Time-to-First-Token）这一关键交互指标，如图 1-6 所示，开发者可以检查它的分布、异常情况等，以此评估用户体验。

另外，LangSmith 还可以聚合链路执行成功率（Trace Success Rates），如图 1-7 所示，以及用户反馈分数、词元使用数量等其他指标。对这些指标进行组合分析，开发者可以全面了解服务的稳定性和质量水平。

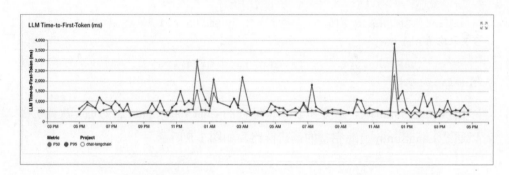

图 1-6　Chat LangChain 接入 LangSmith 监控 Time-to-First-Token 指标

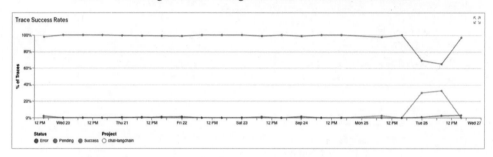

图 1-7　Chat LangChain 接入 LangSmith 监控链路执行成功率指标

在发现问题后，开发者还可以深入调研 LangSmith 中记录的具体运行情况，确定是数据、模型还是代码的问题，有针对性地提高系统性能。可以说，LangSmith 为 LangChain 应用的迭代更新与模型运维提供了不可或缺的分析支撑。它使开发者能基于数据优化 LangChain 应用，推动产品不断进步。

随着大语言模型能力的提升，LangChain 生态系统必将成长为构建 AI 应用的基础设施。类似于 Chat LangChain 的便于二次开发的预制应用也会越来越多，开发者可以像搭积木一样建立自己的 AI 解决方案，这也是 LangChain 团队面向广大开发者提供 Templates 模板库的初衷，我们会在后面介绍它的使用。

总体来说，Chat LangChain 是一个很好的示例，通过它我们可以一窥 LangChain 整个技术体系的风采。在未来，AI 应用的构建离不开这样的生态工具的支持，所以学习和掌握 LangChain 生态系统是 AI 应用领域的开发者的入门必修课。

第 2 章

环境准备

理解和运用大语言模型是当今人工智能领域最令人振奋的发展方向之一。在本书中，我们将深入探讨 LangChain 的各个方面，并且提供大量的示例，以帮助读者更好地理解和应用这一强大的工具。

在开始探索 LangChain 之前，我们先介绍一下推荐的实验环境。良好的实验环境对顺利进行示例代码的编写和运行至关重要。在这里，推荐大家使用 Linux 或 macOS 操作系统，以及以下这些软件来构建实验环境，本书接下来的示例内容也将会围绕这些内容展开。

（1）集成开发环境（IDE）：VS Code。VS Code 是一款开源的功能强大的集成开发环境，提供了丰富的编辑和调试功能，使用户能够高效地编写代码并轻松管理项目。

（2）交互式实验环境：Jupyter Notebook。Jupyter Notebook 是一个开源的交互式计算环境，它允许用户创建和共享包含代码、文本、图像和其他富媒体内容的文档。Jupyter Notebook 提供了丰富的数据分析和可视化工具，使数据科学家和分析师可以方便地进行数据处理、分析和可视化工作。

（3）实验环境编程语言：Python。Python 是一门简洁而强大的编程语言，被广泛应用于数据科学、机器学习等领域，目前 LangChain 支持 Python 和 JS/TS 两类 SDK，而 Python SDK 的成熟度和第三方组件的充实度更高，因此是我们开启 LangChain 之旅的理想选择。

（4）大语言模型推理（本地）服务：Ollama。Ollama 是一个跨平台（Linux/macOS/Windows）的工具软件，可以让用户在本地计算机上运行大语言模型。它简化了利用开源大语言模型提供推理接口的过程，并且提供与这些模型进行交互的用户友好的界面。

（5）大语言模型：Llama 2 13B。Llama 2 由 Meta Platforms（原 Facebook）公司发布，它提供文本、对话补全和向量化（Embedding）的全方位能力，非常适合用于基于大语言模型的应用探索。由于 Llama 2 本身的中文对齐比较弱，因此我们使用经过中文指令集微调的 llama2-chinese 版本模型，从而在一定程度上提升我们实验中的中文对话能力。

（6）【备用】大语言模型：Mistral 7B。Mistral 7B 是一个具有 73 亿参数的模型（默认支持 8192 个 Token 的上下文长度），是目前规模小但性能强大的大语言模型之一。在常识推理、世界知识、阅读理解、数学和代码等各个主题的基准测试中，目前 Mistral 7B 的性能明显优于 Llama 2 13B，与 Llama 34B 相当。

下面我们进一步介绍整个实验环境构建过程中的重点步骤。

2.1　在 VS Code 中开启并使用 Jupyter Notebook

VS Code 作为一个免费、开源、跨平台的编辑器，提供了对 Jupyter Notebook 的良好支持，非常适合搭建 Python 实验环境。我们可以在 VS Code 的扩展市场中搜索并安装 Python 扩展，让 VS Code 对 Python 提供智能代码补全、语法高亮、调试等功能。

安装好 VS Code 和 Python 扩展后，我们就可以创建一个 Jupyter Notebook 来运行 Python 代码了。在 VS Code 中选择"文件"→"新建文件"→"Jupyter Notebook"命令，即可创建一个新的 Notebook。Notebook 由可以运行 Python 代码的 Code Cell 和可以显示运行结果的 Markdown Cell 组成。为了运行 LangChain，我们需要导入必要的模块，可以在 Code Cell 中输入以下代码。

```
pip install langchain langchain-core langchain-community
```

这样就可以开始使用 LangChain 模块了。创建好 Notebook 后，单击顶部的"运行"按钮或按 Shift+Enter 组合键就可以运行当前 Code Cell 中的代码并看到结果。

接下来我们需要配置 VS Code 的 Python 解释器。在 VS Code 中选择"视图"→"命令面板"命令，在输入栏中输入"Python: Select Interpreter"并按 Enter 键来选择解释器（Interpreter）。在弹出的窗口中我们可以看到已经安装的 Python 解释器列表，选择我们需要的那个即可。最后将 Jupyter 的内核设置为当前的

Python 解释器：单击 VS Code 底部状态栏中 "Python: ×××" 旁的火箭图标，在弹出的下拉列表中选择 "设置 Jupyter 内核" 选项，然后在弹出的窗口中选择需要使用的 Python 版本。

这样，一个简单的 Python 实验环境就配置完成了。我们可以在 Notebook 中导入必要的模块，通过代码单元来逐步使用 LangChain。例如我们可以编写以下代码。

```python
from langchain_core.callbacks.manager import CallbackManager
from langchain_core.callbacks.streaming_stdout import
StreamingStdOutCallbackHandler
from langchain_community.llms import Ollama


llm = Ollama(
    model="llama2", callback_manager=CallbackManager
([StreamingStdOutCallbackHandler()])
)
llm("Tell me about the history of AI")
```

2.2　通过 python-dotenv 隐式加载环境变量

在实验过程中，我们通常需要使用一些第三方服务的密钥或令牌来访问 API，这些密钥信息非常敏感，不能直接暴露在代码中。python-dotenv 提供了一种更安全的方式来管理这些环境变量。首先，安装 python-dotenv。

```
pip install python-dotenv
```

在项目根目录下创建一个扩展名为.env 的文件，设置环境变量。

```
API_KEY=sk-***************
```

这里使用 API_KEY 泛化了环境变量名，此处可以是任意第三方服务的密钥。在代码中加载这个环境变量。

```python
import os
```

```
from dotenv import load_dotenv


load_dotenv() # 读取环境变量文件
api_key = os.getenv('API_KEY') # 获取环境变量
```

dotenv 会读取.env 文件中的环境变量，我们可以通过 os.getenv 方法获取变量值。

需要注意的是：不要将.env 文件提交到代码仓库中，应添加到.gitignore 文件中。一般我们可以通过.env.example 文件来提供所有环境变量的键名。

通过 python-dotenv 隐式加载环境变量可以很好地将密钥信息与代码分离，避免密码泄漏，也提高了环境变量的灵活性，不同部署可以使用不同的.env 文件。

2.3　使用 Ollama 加载大语言模型

使用 Ollama 加载大语言模型可以让我们在本地设备上进行交互式的对话和探索，而无须依赖互联网连接。下面是使用 Ollama 加载大语言模型的基本步骤。

首先，可以在 Ollama 的官方主页（或在 GitHub 中搜索"jmorganca/ollama"）下载 Ollama 并进行安装。安装完成后，可以打开操作系统中的终端软件。

在终端软件中，可以使用以下命令来加载 Llama 2 13B 模型。

```
ollama pull llama2-chinese:13b
```

加载完成后，Ollama 即可在本地提供大语言模型推理服务的访问接口（之后 LangChain 会完成接口对接）。

使用 curl 命令通过 Ollama 建立的本地服务来测试接口的连通性。

```
curl -X POST http://localhost:11434/api/generate -d '{
  "model": "llama2-chinese:13b",
  "prompt":"为什么天空是蓝色的"
```

```
        }'
```

{"model":"llama2-chinese","created_at":"2023-10-31T10:14:30.770815Z",
"response":"\n","done":false}

{"model":"llama2-chinese","created_at":"2023-10-31T10:14:30.924961Z",
"response":"这","done":false}

{"model":"llama2-chinese","created_at":"2023-10-31T10:14:31.079489Z",
"response":"是","done":false}

{"model":"llama2-chinese","created_at":"2023-10-31T10:14:31.233708Z",
"response":"一","done":false}

{"model":"llama2-chinese","created_at":"2023-10-31T10:14:31.388251Z",
"response":"个","done":false}

{"model":"llama2-chinese","created_at":"2023-10-31T10:14:31.544212Z",
"response":"有","done":false}

{"model":"llama2-chinese","created_at":"2023-10-31T10:14:32.008554Z",
"response":"趣","done":false}

{"model":"llama2-chinese","created_at":"2023-10-31T10:14:32.163684Z",
"response":"的","done":false}

{"model":"llama2-chinese","created_at":"2023-10-31T10:14:32.318693Z",
"response":"问","done":false}

{"model":"llama2-chinese","created_at":"2023-10-31T10:14:32.473847Z",
"response":"题","done":false}

{"model":"llama2-chinese","created_at":"2023-10-31T10:14:32.646698Z",
"response":"。","done":false}

{"model":"llama2-chinese","created_at":"2023-10-31T10:14:33.1237Z",
"response":"尽","done":false}

{"model":"llama2-chinese","created_at":"2023-10-31T10:14:33.281128Z",
"response":"管","done":false}

{"model":"llama2-chinese","created_at":"2023-10-31T10:14:33.441999Z",
"response":"不","done":false}

{"model":"llama2-chinese","created_at":"2023-10-31T10:14:33.598577Z",
"response":"确","done":false}

{"model":"llama2-chinese","created_at":"2023-10-31T10:14:33.771413Z",
"response":"定","done":false}

{"model":"llama2-chinese","created_at":"2023-10-31T10:14:33.965286Z",
"response":"天","done":false}

{"model":"llama2-chinese","created_at":"2023-10-31T10:14:34.134569Z",
"response":"空","done":false}

{"model":"llama2-chinese","created_at":"2023-10-31T10:14:34.3049Z","
response":"的","done":false}

......

也可以使用下面的命令开始与模型进行对话：先输入问题或指令，然后按下
Enter 键，模型将生成回答并显示出来。

```
ollama run llama2-chinese:13b
>>> Send a message (/? for help)
```

第 3 章
角色扮演写作实战

角色扮演写作是 LangChain 的一个典型应用场景。随着大语言模型技术的进步，基于人工智能的自动化写作工具层出不穷，各种"AI 写手"应运而生。这类工具最大的优势在于，用户只需要提供关键字或样例，就可以通过 AI 生成需要的文章内容。

例如在日常工作中，我们常常需要撰写产品介绍、新闻稿、博客文章等内容。这些内容的语言通常比较模板化，但是人工撰写需要一定的时间成本。这时使用 AI 写作工具就可以大大提高工作效率。用户只需要提供标题、主题词等关键信息，AI 写作工具就可以即时生成一篇通顺流畅的文章。

在 LangChain 中，我们只需要使用一个大语言模型，以及一个提示词模板即可实现这一功能。提示词模板允许我们构建包含关键词的提示语句，让大语言模型基于此生成所需文章。它还可以使我们轻松复用提示词，只要每次替换关键词就可以生成不同文章。

3.1　场景代码示例

下面我们来看一个实际的例子——制作一个"技术博主"写作助手。

```python
from langchain_core.prompts import ChatPromptTemplate
from langchain_core.output_parsers import StrOutputParser
from langchain_community.chat_models import ChatOllama


# 设定系统上下文，构建提示词
template = """请扮演一位资深的技术博主，您将负责为用户生成适合在微博发布的中文文章。
请把用户输入的内容扩展成 140 个字左右的文章，并且添加适当的表情符号使内容引人入胜并体现专业性。"""
prompt = ChatPromptTemplate.from_messages([("system", template),
("human", "{input}")])


# 通过 Ollama 加载 Llama 2 13B 对话补全模型
```

```
model = ChatOllama(model="llama2-chinese:13b")

# 通过 LCEL 构建调用链并执行，得到文本输出
chain = prompt | model | StrOutputParser()
chain.invoke({ "input": "给大家推荐一本新书《LangChain 实战》，让我们一
起开始学习 LangChain 吧！"})
```

'大家好！我今天特意为大家推荐一本新书《LangChain 实战》，让我们一起开始学习
LangChain 吧！这本书是由一些专业的技术人员编写的，内容十分透彻、实用。如果你想要提
高自己的编程水平，或者了解更多的开发框架，这本书一定会对你有所帮助。赞！\n'

3.2　场景代码解析

3.1 节中的代码片段使用 LangChain 生成一个聊天机器人，该聊天机器人可以通过生成的文本输出响应用户输入。以下是大致的流程。

首先，定义系统上下文并构建提示词模板。提示词模板被定义为一个字符串，其中包括聊天机器人的角色（资深技术博主）和手头的任务（生成微博文章）。{input}占位符用于指示将在何处插入用户的输入。

接下来，使用 langchain_core.prompts 模块中的 ChatPromptTemplate 类根据模板字符串创建提示词对象，该提示词对象将用于生成显示给用户的最终提示。langchain_community.chat_models 模块中的 ChatOllama 类用于加载 Llama 2 13B 对话补全模型对象，该模型对象是一个预先训练的大语言模型，可以在给定提示或输入的情况下生成连贯且上下文相关的文本。

加载模型后，使用 langchain_core.output_parsers 模块中的 StrOutputParser 类来将模型对象的输出转换为字符串。该解析器将获取模型对象的输出（即标记列表），并且将其转换为可以显示给用户的单个字符串。

最后，使用 LCEL 将提示词对象、模型对象和输出解析器进行组合来创建链式调用——这将创建一个管道，该管道接收用户的输入，先将其传递给提示词对

象和模型对象，然后使用输出解析器将输出解析为字符串。

当对链变量调用 invoke 方法时，它将执行管道并返回生成的文本输出。在这种情况下，输出将是一条长度不超过 140 个字的微博文章，并且包含适当的表情符号，以使内容引人入胜且具有专业性。

3.3　Model I/O 三元组

从场景示例中我们不难看出，在大语言模型应用开发框架中，Model I/O 模块是最核心和基础的部分，它主要管理与模式有关的输入和输出。Model I/O 模块包含 3 个主要组成部分：Prompt 模块、Model 模块和 Output Parser 模块。

3.3.1　Prompt 模块

Prompt 模块主要负责准备和管理提示词。提示词在与大语言模型交互时起到非常重要的作用，它决定了模型能否准确理解用户的需求并给出合适的响应。

Prompt 模块提供了模板机制，可以高效地复用和组合提示词。我们可以先定义各种参数化的提示词模板，然后通过传入不同的参数来生成不同的提示词实例。在默认情况下，提示词模板使用 Python 的 str.format 语法进行模板化。比如我们使用 PromptTemplate 类来构建带参数的提示词。

```
from langchain_core.prompts import PromptTemplate


prompt_template = PromptTemplate.from_template(
    "Tell me a {adjective} joke about {content}."
)
prompt_template.format(adjective="funny", content="rabbit")
# 'Tell me a funny joke about rabbit.'
```

对于对话提示词，每条聊天消息都与内容及被称为角色的附加参数相关联。

比如我们可以使用 ChatPromptTemplate 类创建以下聊天提示词模板。

```python
from langchain_core.prompts import ChatPromptTemplate


chat_template = ChatPromptTemplate.from_messages(
    [
        ("system", "You are a helpful AI bot. Your name is {name}."),
        ("human", "Hello, how are you doing?"),
        ("ai", "I'm doing well, thanks!"),
        ("human", "{user_input}"),
    ]
)
chat_template.format_messages(name="Bob", user_input="What is
your name?")
```

```
[SystemMessage(content='You are a helpful AI bot. Your name is Bob.'),
 HumanMessage(content='Hello, how are you doing?'),
 AIMessage(content="I'm doing well, thanks!"),
 HumanMessage(content='What is your name?')]
```

ChatPromptTemplate.from_messages 接收各种形式的消息，但我们推荐大家直接使用最直接的 (角色, 内容) 二元对象数值的形式，其他形式大家可以自行查阅官方文档。

Prompt 模块还提供了示例选择器功能，可以从示例存储库中根据规则筛选出合适的 Few Shot 示例（即在提示词中提供少量问答结果的样例）并插入提示词。这可以帮助模型更快地学习，理解用户的需求。

下面是一个将官方提供的"按长度筛选"示例插入提示词模板的例子，这里用到了 LengthBasedExampleSelector 选择器。这个场景虽然简单，但当你担心构建的提示词会超过上下文窗口的长度时，这非常有用，对于较长的输入，它将选择较少的示例，而对于较短的输入，它将选择更多的示例。

```python
from langchain_core.prompts import PromptTemplate
from langchain_core.prompts import FewShotPromptTemplate
```

```
from langchain_core.example_selectors import LengthBasedExampleSelector

# 创建一些词义相反的输入/输出的示例内容
examples = [
    {"input": "happy", "output": "sad"},
    {"input": "tall", "output": "short"},
    {"input": "energetic", "output": "lethargic"},
    {"input": "sunny", "output": "gloomy"},
    {"input": "windy", "output": "calm"},
]

example_prompt = PromptTemplate(
    input_variables=["input", "output"],
    template="Input: {input}\nOutput: {output}",
)
example_selector = LengthBasedExampleSelector(
    examples=examples,
    example_prompt=example_prompt,
    # 设置期望的示例文本长度
    max_length=25
)
dynamic_prompt = FewShotPromptTemplate(
    example_selector=example_selector,
    example_prompt=example_prompt,
    # 设置示例以外部分的前置文本
    prefix="Give the antonym of every input",
    # 设置示例以外部分的后置文本
    suffix="Input: {adjective}\nOutput:\n\n",
    input_variables=["adjective"],
)

# 当用户输入的内容比较短时，所有示例都会被引用
print(dynamic_prompt.format(adjective="big"))
```

```
# 当用户输入的内容足够长时，只有少量示例会被引用
long_string = "big and huge and massive and large and gigantic
and tall and much much much much much bigger than everything else"
print(dynamic_prompt.format(adjective=long_string))
```

Give the antonym of every input

Input: happy
Output: sad

Input: tall
Output: short

Input: energetic
Output: lethargic

Input: sunny
Output: gloomy

Input: windy
Output: calm

Input: big
Output:

Give the antonym of every input

Input: happy
Output: sad

```
Input: big and huge and massive and large and gigantic and tall
and much much much much much bigger than everything else
Output:
```

通过模板机制和示例选择器，我们可以高效地构建出功能强大的提示词。LangChain Python SDK 同时提供按最大边际相关性（Maximal Marginal Relevance，MMR）选择、按 *n*-gram 重叠选择、按文本相似度选择的多种示例选择器，欢迎大家在官方文档中进一步了解。

3.3.2　Model 模块

Model 模块提供了与大语言模型交互所需的接口。它目前包含两类模型。

（1）基础大语言模型（在 LangChain 中被称为 LLM）：提供基本的文本补全等功能。

（2）对话大语言模型（在 LangChain 中被称为 Chat Model）：提供对话流程管理，可以设置系统消息，以角色区分用户和助手等。

Model 模块屏蔽了不同大语言模型接口的差异，给出了统一的使用方式，但需要特别注意以下两点。

（1）并不是所有的大语言模型 API 供应商都同时支持文本补全功能和对话功能，比如 Anthropic Claude 目前只提供对话功能接口。

（2）某模型支持文本补全功能或对话功能，也并不意味着它支持所有 Runnable 对象的方法（特别是流式传输方法，或者异步调用方法）。

简而言之，在选择模型时，一定要查询官方提供的 LLM 和 Chat Model 可用列表，其中包含详细的模型及其支持的方法的列表。

在 LangChain 官方文档的 Integrations 页面中可以查阅所有社区贡献的 LLM 和 Chat Model。

3.3.3　Output Parser 模块

Output Parser 模块提供多种输出解析器，将模型输出转换为结构化的数据，方便程序处理。

它可以生成特定格式的提示词并将提示词插入完整提示，指导模型按照相应格式输出内容。常用的结构化输出格式有 JSON、HTML 表格等，Output Parser 模块可以按照对应的格式解析模型输出，并且将模型输出转换为 JSON 对象等程序友好的数据结构。

LangChain 官方提供了多种输出解析器，下面我们选取 PydanticOutputParser 作为示例，为大家展示输出解析器在构建提示词和解析模型输出这两个方面的核心能力。

```
from typing import List
from langchain_core.prompts import PromptTemplate
from langchain_core.pydantic_v1 import BaseModel, Field
from langchain_community.llms.ollama import Ollama
from langchain.output_parsers import PydanticOutputParser


class Actor(BaseModel):
    name: str = Field(description="name of an author")
    book_names: List[str] = Field(description="list of names of
book they wrote")


actor_query = "随机生成一位知名的作家及其代表作品"


parser = PydanticOutputParser(pydantic_object=Actor)


prompt = PromptTemplate(
    template="请回答下面的问题: \n{query}\n\n{format_instructions}\n
如果输出是代码块, 请不要包含首尾的```符号",
    input_variables=["query"],
```

```
        partial_variables={"format_instructions": parser.get_format_
instructions()},
    )


    input = prompt.format_prompt(query=actor_query)
    print(input)


    model = Ollama(model="llama2-chinese:13b")
    output = model(input.to_string())


    print(output)
    parser.parse(output)
```

text='请回答下面的问题：\n 随机生成一位知名的作家及其代表作品 \n\nThe output should be formatted as a JSON instance that conforms to the JSON schema below.\n\nAs an example, for the schema {"properties": {"foo": {"title": "Foo", "description": "a list of strings", "type": "array", "items": {"type": "string"}}}, "required": ["foo"]}\nthe object {"foo": ["bar", "baz"]} is a well-formatted instance of the schema. The object {"properties": {"foo": ["bar", "baz"]}} is not well-formatted.\n\nHere is the output schema:\n```\n{"properties": {"name": {"title": "Name", "description": "name of an author", "type": "string"}, "book_names": {"title": "Book Names", "description": "list of names of book they wrote", "type": "array", "items": {"type": "string"}}}, "required": ["name", "book_names"]}\n```\n 如果输出是代码块，请不要包含首尾的```符号'

```
    {
        "name": "J.K. Rowling",
        "book_names": [
            "Harry Potter and the Philosopher's Stone",
            "Harry Potter and the Chamber of Secrets",
            "Harry Potter and the Prisoner of Azkaban",
            "Harry Potter and the Goblet of Fire",
            "Harry Potter and the Order of the Phoenix",
```

```
        "Harry Potter and the Half-Blood Prince",
        "Harry Potter and the Deathly Hallows"
    ]
}
```

```
Actor(name='J.K. Rowling', book_names=["Harry Potter and the
Philosopher's Stone", 'Harry Potter and the Chamber of Secrets',
'Harry Potter and the Prisoner of Azkaban', 'Harry Potter and the
Goblet of Fire', 'Harry Potter and the Order of the Phoenix', 'Harry
Potter and the Half-Blood Prince', 'Harry Potter and the Deathly
Hallows'])
```

Pydantic 是一个 Python 库，它提供了一种简单而灵活的方法来定义数据模型并验证其实例。它允许使用 Python 类定义数据模型，并且使用这些模型来验证数据以确保其符合预期的结构和约束。

在上面的代码中，首先，我们定义了一个名为 parser 的 PydanticOutputParser 实例，该实例使用 Actor 类的 pydantic_object 参数初始化。Actor 类有两个字段：类型为 str 的 name 和类型为 List[str]的 book_names，由此定义我们期望的输出的数据格式。

然后，我们定义一个名为 prompt 的 PromptTemplate 实例，该实例使用模板参数初始化，模板参数包含格式指令和查询的占位符。将 input_variables 参数设置为["query"]，表示 query 变量应格式化为模板。将 partial_variables 参数设置为 {"format_instructions":parser.get_format_instructions()}，表示 parser.get_format_instructions() 生成的用于格式化输出的提示词也需要合并到模板中。

接下来，将提示词传递给大语言模型进行推理，并且将结果赋值给 input。

最后，调用解析器实例的 parse 方法，将返回的结果解析成预期的 JSON 数据结构。

除了 JSON 格式，LangChain 对于 YAML、XML 等格式也有对应的支持，而这些输出格式通常是与特定大语言模型相关联的。比如，对于 OpenAI 模型，我们可以把上面的例子中的模型和输出解析器进行相应替换，使其输出 YAML 格式的内容。

```
# pip install langchain-openai
from langchain_openai import ChatOpenAI
from langchain.output_parsers import YamlOutputParser

# 使用 OpenAI 模型并输出 YAML 格式的内容
model = ChatOpenAI(temperature=0)
parser = YamlOutputParser(pydantic_object=Actor)
```

而对于 Anthropic 的 Claude 模型，我们可以使用对应的 XML 输出解析器。

```
from langchain_core.output_parsers import XMLOutputParser
from langchain_core.prompts import PromptTemplate
from langchain_community.chat_models import ChatAnthropic

# 使用 Claude v2 模型并输出 XML 格式的内容
model = ChatAnthropic(model="claude-2", max_tokens_to_sample=
512, temperature=0.1)
parser = XMLOutputParser()

prompt = PromptTemplate(
    template="""{query}\n{format_instructions}""",
    input_variables=["query"],
    partial_variables={"format_instructions": parser.get_format_
instructions()},
)

chain = prompt | model | parser

output = chain.invoke({"query": actor_query})
```

综合而言，Model I/O 三元组为大语言模型应用开发框架提供了核心的模型交互能力。Prompt 模块准备提示词输入，Model 模块提供模型接口，Output Parser 模块解析模型输出。三者相互配合，使开发者能够高效地利用大语言模型实现各种应用与服务。

3.4　LCEL 语法解析：基础语法和接口

LCEL 是基于 LangChain 框架开发的领域特定语言（Domain Specific Language，DSL）。LCEL 旨在提供一种简洁且富有表现力的方式来定义复杂的大语言模型处理管道和工作流程。它允许用户以结构化和模块化的方式定义操作链，包括数据转换、模型调用和输出解析。LCEL 为构建和编排语言模型应用程序提供了高级抽象，使开发和维护复杂的大语言模型处理管道变得更加容易。

LCEL 的基本语法是通过 | 管道符号将一些符合 Runnable 协议的对象（简称为 Runnable 对象）串联起来。Runnable 协议是一个标准接口，由 LCEL 串联起来的 Runnable 对象可以让开发者们轻松地构建自定义调用链并以标准方式调用它们。

3.4.1　Runnable 对象的标准接口

在 Python SDK 中，Runnable 对象定义了一系列标准的操作接口，具体如下。

（1）invoke/ainvoke：将单个输入转换为输出。

（2）batch/abatch：有效地将多个输入转换为输出。

（3）stream/astream：在生成单个输入时流式输出。

（4）astream_log：除了最终响应，还会流式输出中间步骤的执行结果。

其中带有 a 前缀的接口是异步的（表示 async），在默认情况下，它们使用 asyncio 的线程池执行同步对应项；在 JS SDK 中，由于所有接口都是异步的，所以只保留 invoke、batch、stream 和 stream_log 这 4 个接口。所有接口都接收可选的配置参数，这些参数可用于配置执行、添加标签和元数据，以进行跟踪和调试。

3.4.2　Runnable 对象的输入和输出

由于 Runnable 对象各自的输入和输出类型不尽相同，所以我们通过表 3-1 来大致地了解一下全貌。

表 3-1　Runnable 对象的输入和输出类型

Runnable 对象	输入类型	输出类型
Prompt	字典类型	PromptValue 对象
LLM	单个字符串	单个字符串
ChatModel	一组 ChatMessage 或一个 PromptValue	ChatMessage 对象
OutputParser	LLM 或 ChatModel 的输出类型	解析器各自定义
Retriever	单个字符串	一组 Document 对象
Tool	工具各自定义	工具各自定义

3.4.3　Runnable 对象的动态参数绑定

有时我们希望使用常量参数调用 Runnable 调用链中的 Runnable 对象，这些常量参数不是序列中前一个 Runnable 对象的输出的一部分，也不是用户输入的一部分。我们可以使用 Runnable.bind 方法来传递这些参数。

绑定参数的一个特别有用的应用场景就是将 OpenAI Functions 附加到兼容的 OpenAI 模型上，这里我们一起来看一个 LangChain 官方提供的示例。

```
# 先准备好符合 OpenAI Functions 规范的函数声明
functions = [
    {
        "name": "solver",
        "description": "Formulates and solves an equation",
        "parameters": {
            "type": "object",
```

```
            "properties": {
                "equation": {
                    "type": "string",
                    "description": "The algebraic expression of the
equation",
                },
                "solution": {
                    "type": "string",
                    "description": "The solution to the equation",
                },
            },
            "required": ["equation", "solution"],
        },
    }
]
# OpenAI Functions 只能在对话补全场景中使用
prompt = ChatPromptTemplate.from_messages(
    [
        (
            "system",
            "Write out the following equation using algebraic symbols
then solve it.",
        ),
        ("human", "{equation_statement}"),
    ]
)
# 使用 model.bind 来为模型对象动态绑定 functions 参数
model = ChatOpenAI(model="gpt-4", temperature=0).bind(
    function_call={"name": "solver"}, functions=functions
)

# 后续使用 LCEL 正常构建并执行 Runnable 调用链即可
runnable = {"equation_statement": RunnablePassthrough()} | prompt
```

```
| model
    runnable.invoke("x raised to the third plus seven equals 12")
```

AIMessage(content='', additional_kwargs={'function_call': {'name':
'solver', 'arguments': '{\n"equation": "x^3 + 7 = 12",\n"solution":
"x = ∛5"\n}'}}, example=False)

3.4.4　审查链路结构和提示词

当使用 LCEL 创建了一个基于 Runnable 对象的调用链时，我们需要了解这个
由代码拼接而成的调用链的整体链路形态、包含的各个节点和使用到的所有提示
词，以便更好地了解这个执行链内部发生的事情。

首先我们可以通过 Runnable 对象的 get_graph().print_ascii 方法得到链路结构
的一个 ASCII 字符图表达形式，示例如下。

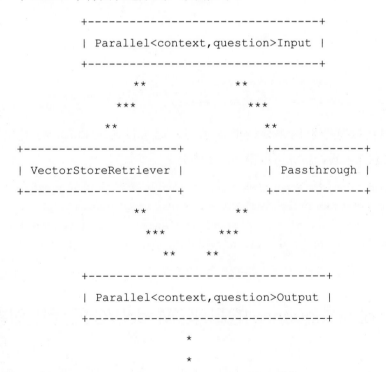

```
+--------------------+
| ChatPromptTemplate |
+--------------------+
           *
           *
           *
    +------------+
    | ChatOpenAI |
    +------------+
           *
           *
           *
    +------------------+
    | StrOutputParser  |
    +------------------+
           *
           *
           *
  +----------------------+
  | StrOutputParserOutput |
  +----------------------+
```

如果希望获取整个链路中使用的提示词，则可以通过 Runnable 对象的
get_prompts 方法来实现，例如可以得到以下结果。

```
[ChatPromptTemplate(input_variables=['context',      'question'],
messages=[HumanMessagePromptTemplate(prompt=PromptTemplate(input_var
iables=['context', 'question'], template='Answer the question based
only on the following context:\n{context}\n\nQuestion: {question}\
n'))])]
```

3.5　Runnable Sequence 的基座：Model I/O 三元组对象

Runnable Sequence 是 LangChain 中另一个重要概念，可以将它看成由 LCEL

构建的调用链的实际载体，它描述了多个 Runnable 对象组合成的链式调用的具体内容。

前文中提到，Runnable 对象表示一个可调用的函数或操作单元。不同的 Runnable 对象的输入和输出各异，需要把前一个 Runnable 对象的输出作为后一个 Runnable 对象的输入，才能把它们有机串联起来。要实现不同 Runnable 对象之间的串联，最简单和最基础的方式就是通过 Model I/O 三元组。

（1）Prompt 模块可以准备不同的提示词作为 Runnable 对象的输入。

（2）Model 模块提供大语言模型接口，实现 Runnable 对象的主要逻辑。

（3）Output Parser 模块可以把前一个对象的模型输出转换成后一个对象的结构化输入。

通过 Model I/O 三元组的支持，我们可以自由组合 Prompt 模块、Model 模块、Output Parser 模块，以构建出一个最基础的 Runnable Sequence。

之前我们已经展示过一个 Prompt、Model、Output Parser 三个模块通过 LCEL 构建 Runnable Sequence 的示例，下面展示一个 Prompt 模块和 Model 模块构建最小调用链的示例。

```
from langchain_core.prompts import ChatPromptTemplate
from langchain_community.chat_models import ChatOllama


prompt = ChatPromptTemplate.from_template("请编写一篇关于{topic}的
中文小故事，不超过 100 个字")
model = ChatOllama(model="llama2-chinese:13b")


chain = prompt | model
chain.invoke({"topic": "小白兔"})
```

这种由 Model I/O 三元组串联的 Runnable Sequence 非常基础，但它提供了极为广泛的语言处理能力。我们可以插入各种自定义的 Runnable 对象来完成复杂任务，比如多轮对话、知识库查询等。

第 4 章

多媒体资源的摘要实战

随着人工智能技术的不断发展，大语言模型的应用越来越广泛。大语言模型具有非常强大的文本总结和生成能力，可以帮助我们快速获取信息的核心要点。我们可以利用大语言模型的这一优势，开发各种智能化的文本内容处理工具，实现文本内容的自动提取、概括和生成。

目前，大语言模型已经可以非常出色地总结文本内容的主要信息点。不论是书籍、报刊文章还是网络信息，大语言模型都可以快速抓取关键词，理解语义，归纳出内容要点。这可以极大地提高我们对信息的获取和利用效率。例如，我们可以开发智能文本摘要工具。这类工具可以立刻为我们总结出一段或一篇文章的主要内容和观点，生成文本摘要。它还可以进一步分析文本的语义和逻辑关系，自动生成文本要点列表。此外，结合音频和视频处理技术，我们还可以开发出基于语音识别的智能内容提取工具。这类工具可以自动转录音频和视频中的语音内容，使用大语言模型对转录文本进行内容提取和摘要。针对网络上的各种信息，我们可以开发智能网页内容提取工具。用户只需要输入一个网页链接，这类工具就可以分析网页内容，抽取正文，并且自动生成内容摘要或要点列表，比网页内容更加简洁和易读。

借助这些智能化的语言内容处理工具，我们可以极大地提高工作和学习效率，节省大量提取和归纳信息的时间。这些工具可以广泛应用于知识管理、学习研究、新闻媒体、出版、翻译等领域。对于这些场景，LangChain 目前已经提供了多种工具和策略，例如，LangChain 社区已经贡献了 160 多个文档加载器，本章将重点介绍目前 LangChain 在本地和 Web（多媒体）文档加载与处理方面的功能。

4.1　场景代码示例

下面我们来看一个在线文本总结的示例，通过 LangChain 社区的文档加载器加载 arXiv 文献网站中的一篇关于 ReAct 提示模式的论文，并且对它的摘要部分进行总结。

```
from langchain_core.prompts import PromptTemplate, format_document
from langchain_core.output_parsers import StrOutputParser
from langchain_community.chat_models import ChatOllama
from langchain_community.document_loaders import ArxivLoader
from langchain.text_splitter import RecursiveCharacterTextSplitter

# 加载 arXiv 上的论文 ReAct: Synergizing Reasoning and Acting in
Language Models
loader = ArxivLoader(query="2210.03629", load_max_docs=1)
docs = loader.load()
print(docs[0].metadata)


# 把文本分割成 500 个字符为一组的片段
text_splitter = RecursiveCharacterTextSplitter(
    chunk_size = 500,
    chunk_overlap = 0
)
chunks = text_splitter.split_documents(docs)

# 构建 Stuff 形态（即文本直接拼合）的总结链
doc_prompt = PromptTemplate.from_template("{page_content}")
chain = (
    {
        "content": lambda docs: "\n\n".join(
            format_document(doc, doc_prompt) for doc in docs
        )
    }
    | PromptTemplate.from_template("使用中文总结以下内容，不需要人物介
绍，字数控制在 50 个字符以内：\n\n{content}")
    | ChatOllama(model="llama2-chinese:13b")
    | StrOutputParser()
)
# 由于论文很长，所以我们只选取前 2000 个字符作为输入并调用总结链
```

```
chain.invoke(chunks[:4])
```

{'Published': '2023-03-10', 'Title': 'ReAct: Synergizing Reasoning and Acting in Language Models', 'Authors': 'Shunyu Yao, Jeffrey Zhao, Dian Yu, Nan Du, Izhak Shafran, Karthik Narasimhan, Yuan Cao', 'Summary': 'While large language models (LLMs) have demonstrated impressive capabilities\nacross tasks in language understanding and interactive decision making, their\nabilities for reasoning (e.g. chain-of-thought prompting) and acting (e.g.\naction plan generation) have primarily been studied as separate topics. In this\npaper, we explore the use of LLMs to generate both reasoning traces and\ntask-specific actions in an interleaved manner, allowing for greater synergy\nbetween the two: reasoning traces help the model induce, track, and update\naction plans as well as handle exceptions, while actions allow it to interface\nwith external sources, such as knowledge bases or environments, to gather\nadditional information. We apply our approach, named ReAct, to a diverse set of\nlanguage and decision making tasks and demonstrate its effectiveness over\nstate-of-the-art baselines, as well as improved human interpretability and\ntrustworthiness over methods without reasoning or acting components.\nConcretely, on question answering (HotpotQA) and fact verification (Fever),\nReAct overcomes issues of hallucination and error propagation prevalent in\nchain-of-thought reasoning by interacting with a simple Wikipedia API, and\ngenerates human-like task-solving trajectories that are more interpretable than\nbaselines without reasoning traces. On two interactive decision making\nbenchmarks (ALFWorld and WebShop), ReAct outperforms imitation and\nreinforcement learning methods by an absolute success rate of 34% and 10%\nrespectively, while being prompted with only one or two in-context examples.\nProject site with code: https://react-lm.github.io'}

'\n 这篇论文在 ICLR 2023 上发表，研究了如何兼顾理解能力和行为能力。目前的大语言模型 (LLM) 已经被成功地应用于许多语言理解和交互式决策任务，但是其理解能力和行为能力主要作为单独的研究主题。我们将 LLM 应用于逻辑追踪和特定动作识别，从而发挥更大的协同作用，以此来产生更好的结果。我们将其命名为 ReAct，并且将它应用到多种语言和决策任务中，证明了其在最先进基线上的有效性。'

4.2 场景代码解析

上述代码片段使用 LangChain 对从 arXiv 网站加载的文档执行一系列自然语言处理任务。以下是大致的流程。

首先使用 ArxivLoader 类从 arXiv 网站上加载文档。

指定查询编号为 2210.03629 的论文，并且将 load_max_docs 设置为 1，以仅加载第一个匹配的文档。

然后通过 RecursiveCharacterTextSplitter 类创建一个递归式的文本分割器，分割刚刚获取的完整的论文文本。

通过 chunk_size=500 设置每个片段的大小不超过 500 个字符，并且通过 chunk_overlap = 0 要求文本块没有重叠。这里选择没有文本内容重叠是因为后面准备直接合并，在后面的章节中会进一步介绍重叠部分的使用要点。

至此，在线文档的加载和预处理就完成了，下面开始构建总结链。

首先定义一个提示词模板，它的作用很简单，就是将每个文档的内容格式化为纯文本，这是使用 PromptTemplate 类完成的。

然后通过 LCEL 语法来构建调用链，这个调用链大致又分成两部分。

第一部分是这个调用链的重头，它由一个 Map 或者说字典结构构成，它负责准备好需要被总结的内容文本。在本示例中，定义了一个 Lambda 函数用来获取文档列表并返回一个包含所有文档的串联内容的字符串，这个字符串被存储在 content 的字典键中。

第二部分基本上是一个标准的 Model I/O 三元组。首先由 PromptTemplate.from_template 将文本总结的要求和需要总结的内容拼接成一个完整的提示词，然后通过 ChatOllama 使用 llama2-chinese:13b 进行推理，最后通过 StrOutputParser 将模型生成的内容（对话消息）解析为字符串。

最后调用这个构建好的总结链，考虑到本地模型运算能力和 Llama 2 13B 模型的上下文大小，我们只选取前 2000 个字符作为输入并执行调用。

4.3 Document 的加载与处理

在 LangChain 中，我们使用文档加载器从文档源中加载数据，文档源既可以是本地或互联网，也可以是一个目录。文档数据在 LangChain 中通过 Document 对象来表达和承载，一个典型的 Document 对象是由一段文本（page_content）和关联的元数据（metadata）组成的。

4.3.1 文档加载器

LangChain 社区目前贡献 160 多个文档加载器，一些文档加载器的作用比较简单，例如用于加载简单的 TXT 文件，一些文档加载器可以用于加载任何网页的文本内容，还有一些文档加载器可以用于加载长视频网站的视频字幕。所有文档加载器都提供了 load 实例方法，用于将数据加载为文档来自配置的文档源。部分加载器还可以实现 lazy_load 方法，以便将数据延迟加载到内存中。

```
from langchain_community.document_loaders import TextLoader


loader = TextLoader("./index.md")
loader.load()
```

由于文档加载器的实现实在太多，我们就不一一展示了，如果你对此感兴趣，则可以在 LangChain 官方文档的 Integrations 页面中查阅所有 LangChain 社区贡献的文档加载器。下面我们会把关注的重点放在文档转换器和文本总结策略上，为大家做进一步的介绍。

4.3.2 文档转换器

文本分割是目前 LangChain 在文档处理方面的重要一环，因为通常在加载文档后，我们可能希望将长文档分割成更小的块，以适合模型的上下文窗口。LangChain 同时提供多种内置的文档转换器，可以轻松地拆分、组合、过滤和以其他方式操作文档，而不仅仅是分割文本。

例如，通过 EmbeddingsRedundantFilter，可以识别相似的文档并过滤冗余；通过 doctran 等集成，可以执行将文档从一种语言翻译为另一种语言、提取所需属性并将其添加到元数据及将对话转换为 Q/A 格式的文档集等操作。所以虽然目前最重要的文本处理方式是文本分割，但大家也可以关注 LangChain 为大家提供的各种其他的文本处理和转换工具，选择适合自己应用的来使用。

4.3.3 文本分割器

文本分割器的核心目标是将长文本分割成适合处理的较小片段，以便更好地适应模型的上下文窗口或满足其他需求（例如增强检索精度）。文本分割器提供了两个实例方法，分别用于接收并处理文本和文档。

（1）split_text：输入文本，输出分割后的一组 Document 文档对象。

（2）split_documents：输入一组 Document 文档对象，输出分割后的一组 Document 文档对象。

文本分割器的核心流程大致包括以下几步。

（1）分割文本：根据所选的分割策略，将长文本分割成较小的片段。分割策略可以是根据字符、分词、句子等进行分割。

（2）测量片段大小：根据所选的测量函数，计算每个片段的大小，可以根据字符数、标记数或其他度量标准来测量片段的大小。

（3）创建文档：将分割后的片段组合成 Document 文档对象。每个 Document 文档对象通常包含片段的内容、元数据和其他相关信息。

从这个流程可以看到，文本分割器的输出结果有两个重要的影响因素：分割策略和测量函数。合理选择分割策略和测量函数，可以根据不同的应用场景和需求进行定制化的文本分割。下面我们会结合一些比较常用的文本分割器，给大家分别介绍这两个因素的实际作用。

1. 按特定字符分割

递归字符文本分割器（RecursiveCharacterTextSplitter）根据字符列表将文本分割成较小的片段，是我们比较推荐使用的文本分割器。它尝试保持语义相关的文本片段在一起，可以根据需要自定义分割字符和其他参数——它尝试根据第一个字符的分割来创建块，但如果任何块太大，它就会移动到下一个字符，以此类推。在默认情况下，它尝试分割的字符是 "\n\n"、"\n"、" "、""（最后一个 "" 表示按单个字符分割）。

除了控制可以分割的字符，我们还可以控制一些其他操作。

（1）length_function：计算块长度的方式。默认只计算字符数，但在这里使用词元计数器是很常见的。

（2）chunk_size：块的最大大小（由测量函数测量）。

（3）chunk_overlap：块之间的最大重叠，对长文本来说，最好有一些重叠以保持块之间的连续性。

（4）add_start_index：是否在元数据中包含原始文档中每个块的起始位置。

```
from langchain.text_splitter import RecursiveCharacterTextSplitter

text_splitter = RecursiveCharacterTextSplitter(
    # 以下数值为默认值，在实际使用时要结合预估的文本长度
    chunk_size = 100,
    chunk_overlap  = 20,
    length_function = len,
    add_start_index = True,
)
```

现有的大部分文本分割器都属于这一类，例如 CharacterTextSplitter、

HTMLHeaderTextSplitter、MarkdownHeaderTextSplitter 和代码文本分割器等，大家可以通过官方文档了解它们的使用方法。

2. 按词元分割

除了按特定字符分割，我们也可以使用词元分词器对文本进行分割，并且根据分词结果计算片段的长度。这类文本分割器是比较典型的根据词元数量来计算片段长度的文本分割器。

例如，tiktoken 是由 OpenAI 创建的快速 BPE（Byte Pair Encoding）分词器，基于 tiktoken 的文本分割器可以更准确地估计文本中的词元数量，适用于高效地对齐 OpenAI 模型的输入/输出词元窗口（容量）。下面是它的 3 种可用的编写方式示例。

```
from langchain.text_splitter import CharacterTextSplitter,
RecursiveCharacterTextSplitter, TokenTextSplitter

# 使用 CharacterTextSplitter 可能因为词元不能被分割，造成片段的大小大于
chunk_size
text_splitter = CharacterTextSplitter.from_tiktoken_encoder
(chunk_size=100, chunk_overlap=0)

# 使用 RecursiveCharacterTextSplitter 可以将词元按字符分割，保证片段的大
小小于 chunk_size

text_splitter = RecursiveCharacterTextSplitter.from_tiktoken_encoder
(chunk_size=100, chunk_overlap=0
)

# 使用直接绑定 tiktoken 的 TokenTextSplitter 也可以保证每个片段的大小小于
chunk_size
text_splitter = TokenTextSplitter(chunk_size=10, chunk_overlap=0)
```

类似地，Hugging Face 也有很多自己的 BPE 分词器，例如我们可以使用 GPT2TokenizerFast 来进行词元分割，对应的使用示例如下。

```
from transformers import GPT2TokenizerFast

tokenizer = GPT2TokenizerFast.from_pretrained("gpt2")
text_splitter = CharacterTextSplitter.from_huggingface_tokenizer(
    tokenizer, chunk_size=100, chunk_overlap=0
)
```

此外，LangChain 还提供 NLTK、spaCy 这类自然语言分词器用于文本分割，但它们更像按特定字符分割——按特殊文本分割，但按字符计算片段的长度。

3. 何时生成文本块重叠

文本块重叠指的是在对原始文本进行分割时，允许相邻文本块有一定内容上的重叠。这种重叠有助于保持文本内容的连贯性和完整性，文本块重叠的长度由 chunk_overlap 控制。那么，什么时候需要生成文本块重叠呢？

首先，我们需要明确文本块重叠的作用。当原始文本过长时，需要将其分割成多个较短的文本块，在文本块之间引入重叠内容，可以保持文本语义的连续性。

其次，我们需要明确文本块重叠的生成条件。通常，只有当满足以下两个条件时，才需要生成文本块重叠。

（1）原始文本的长度超过预设的文本块大小上限。这是生成文本块重叠的必要条件。只有当原始文本较长，无法直接放入一个文本块时，才需要考虑分割和重叠。

（2）可以在文本块边界找到合适的断点。这是生成文本块重叠的充分条件。如果文本块内部没有合适的断点，即使文本较长也无法分割，这时就不会生成文本块重叠。

换句话说，只有原始文本超过文本块大小上限，并且可以找到合适的断点，LangChain 才会按 chunk_overlap 设定的重叠文本大小来生成文本块重叠，从而维持文本的相对完整性。下面我们通过一个简短的示例给大家一个具象的展示。

```
from langchain.text_splitter import RecursiveCharacterTextSplitter
```

```
text_splitter = RecursiveCharacterTextSplitter(chunk_size=10,
chunk_overlap=5)
print(text_splitter.split_text("你好 LangChain 实战"))
print(text_splitter.split_text("你好 LangChain 实战"))
```

```
['你好 LangChai', 'gChain 实战']
['你好', 'LangChain', '实战']
```

为什么只加了两个空格，输出结果差这么多，并且其中一个无法生成文本块重叠呢？给大家一个提示，RecursiveCharacterTextSplitter 尝试分割的字符是"\n\n"、"\n"、" "、""，结合上面提到的两个生成重叠的条件大家是否已经找到答案了呢？

没错，"你好 LangChain 实战" 优先被空格分割了，这导致分割后的每个文本块大小都小于（或者说满足）chunk_size，因此它不满足原始文本超过文本块大小这个条件，不需要生成文本块重叠来为下一个文本块补充上下文。而"你好 LangChain 实战"（除非按单个字符）已经无法分割了，又满足原始文本超过文本块大小这个条件，所以执行了按字符分割，同时根据 chunk_overlap=5 为后一个文本块补充了 gChai 这 5 个字符。

4.4　3 种核心文档处理策略

LangChain 在文档处理方面提供了多种处理策略，它们对于总结文档、回答文档问题、从文档中提取信息等很有用。下面我们为大家逐一介绍在 Python 和 JS/TS SDK 中都有实现的 Stuff、MapReduce 和 Refine 这 3 种文档处理策略及其 LCEL 构建方法。与早期版本的黑盒工具函数相比，学习白盒的 LCEL 应用链更有助于大家了解这几种策略的实现原理并加深对 LCEL 语法的理解。Python SDK 独有的 Map Rerank 策略留给大家自行探索学习。

4.4.1　Stuff 策略：直接合并

Stuff 策略最简单直接，就是先将所有文档直接拼接在一起，组成一大段文

本，然后将其与问题一起输入问答模型，生成回答，Stuff 文档处理流程如图 4-1
所示。

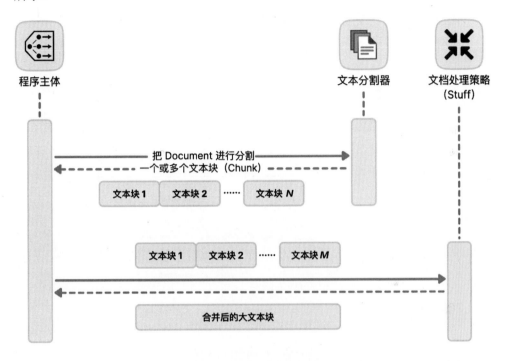

图 4-1　Stuff 文档处理流程

我们在场景示例中使用的就是这种文档处理策略。这种策略的优点是简单直
接，不需要复杂的文档处理流程。但这种策略也有明显的缺陷。

（1）同时输入所有文档容易超出模型的文本长度限制，对超大规模的文档集
合不友好。

（2）没有区分每个文档的重要性，可能带来不相关的干扰信息。

（3）对所有文档进行平铺处理，没有逐个分析文档的能力。

因此，Stuff 策略更适合文档量较少的场景，对于文档量较大的场景要谨慎使
用，一般更推荐后文的两种处理策略。

4.4.2 MapReduce 策略：分而治之

MapReduce 策略使用了大数据中常见的 MapReduce 模式，如图 4-2 所示。

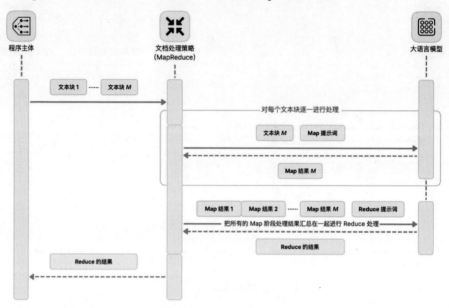

图 4-2 MapReduce 策略

首先是 Map 阶段。对每个文档单独进行处理，生成一个针对问题的中间回答。这个过程可以被看作是一个"微小问答"，对每个文档进行单独汇总。

然后是 Reduce 阶段。将所有文档的中间回答统一汇总到一个文档中。与原始问题一起作为新的提示词上下文内容，输入问答模型并生成最终回答。

MapReduce 策略的优势如下。

（1）可以基于每个文档的相关性对其进行不同程度的汇总，而不会简单拼接。

（2）分阶段逐步推理的过程更贴近人类处理大规模文档的思维模式。

（3）支持并行计算，对于大规模文档场景具有很强的可扩展性。

同样地，MapReduce 策略也存在一些问题。

（1）需要为 Map 阶段和 Reduce 阶段准备不同的提示词模板，较为复杂。

（2）由于多次调用问答模型，计算效率比较低。

（3）往往需要更多的调优操作来达到最佳效果。

因此，MapReduce 策略更适用于大规模文档的问答场景，当文档量成千上万时，它可以发挥算法设计的优势。

下面我们来看一下对应的 LCEL 实现，沿用场景代码示例中的 ReAct 论文总结，大家可以着重留意 Map 和 Reduce 两个核心调用链的构建方式。

```python
from functools import partial

from langchain_core.prompts import PromptTemplate, format_document
from langchain_core.output_parsers import StrOutputParser
from langchain_community.chat_models import ChatOllama
from langchain_community.document_loaders import ArxivLoader
from langchain.text_splitter import RecursiveCharacterTextSplitter

# 加载 arXiv 上的论文 ReAct: Synergizing Reasoning and Acting in
Language Models
loader = ArxivLoader(query="2210.03629", load_max_docs=1)
docs = loader.load()

# 把文本分割成 500 个字符为一组的片段
text_splitter = RecursiveCharacterTextSplitter(
    chunk_size = 500,
    chunk_overlap = 50
)
chunks = text_splitter.split_documents(docs)

llm = ChatOllama(model="llama2-chinese:13b")

# 构建工具函数：将 Document 转换成字符串
document_prompt = PromptTemplate.from_template("{page_content}")
partial_format_document = partial(format_document, prompt=
```

```
document_prompt)

    # 构建 Map 链，对每个文档都先进行一轮总结
    map_chain = (
        {"context": partial_format_document}
        | PromptTemplate.from_template("Summarize this content:\n\n
{context}")
        | llm
        | StrOutputParser()
    )

    # 构建 Reduce 链，合并之前的所有总结内容
    reduce_chain = (
        {"context": lambda strs: "\n\n".join(strs) }
        | PromptTemplate.from_template("Combine these summaries:\n\n
{context}")
        | llm
        | StrOutputParser()
    )

    # 把两个链合并成 MapReduce 链
    map_reduce = map_chain.map() | reduce_chain
    map_reduce.invoke(chunks[:4], config={"max_concurrency": 5})
```

```
'This paper introduces the REACT model which leverages both
reasoning and acting abilities to improve the performance of large
language models, achieving state-of-the-art results in various
benchmarks. The authors present a novel approach that combines logic-
based reasoning with behavior-based actions in LLMs, which enables
them to better handle tasks such as question answering and text
generation. Additionally, ReAct is an algorithm that combines chain-
of-thought reasoning with simple Wikipedia API and generates human-
like task-solving trajectories. It can outperform imitation and
reinforcement learning methods in two interactive decision making
benchmarks, achieving absolute success rates of 34% and 10%. Their
```

proposed method is evaluated on several datasets and is shown to significantly outperform other baseline models, demonstrating its potential for improving the capabilities of language models. By using reasoning traces to help induce, track, and update action plans as well as handle unexpected events during execution, this approach has the potential to improve the overall performance of LLMs. The ReAct model combines both reasoning and acting abilities of large language models to achieve state-of-the-art results in various benchmarks. It also demonstrates its potential for improving the capabilities of language models by using reasoning traces to help induce, track, and update action plans as well as handle unexpected events during execution.'

4.4.3　Refine 策略：循序迭代

Refine 策略与 MapReduce 策略类似，也分多轮逐步进行推理，如图 4-3 所示。但是，它每一轮的输入都只包含一个文档，以及之前轮次的中间回答。

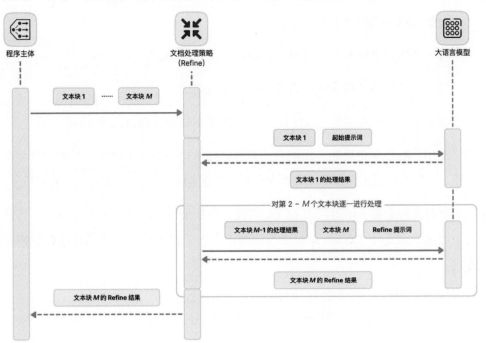

图 4-3　Refine 策略

具体来说，Refine 策略的处理流程如下。

（1）初始化一个空的 Context 上下文变量。

（2）遍历每个文档，将其与 Context 拼接作为提示词的上下文部分输入问答模型。

（3）大语言模型生成的回答作为新的 Context，供下一轮使用。

（4）重复步骤 2 和步骤 3，直到完成所有文档的处理。

（5）得到的最后一个 Context 即为最终回答。

Refine 策略的主要优势如下。

（1）每次只需要针对一个文档生成回答，避免了过长的 Context。

（2）回答是逐步推理和完善的，而不是一次性塞入所有信息。

（3）可以自定义每轮的提示词模板，实现更精细的控制。

但是 Refine 策略也存在以下限制。

（1）文档的顺序对结果有很大影响，需要智能排序。

（2）计算量与文档量线性相关，时间成本高。

（3）往往需要更多的轮次才能收敛，效率不如 MapReduce 策略高。

因此，Refine 策略对提示词设计和文档排序技巧的要求更高，但可以产生更流畅、连贯的回答。它更适合交叉关联性强的文档集，在文档量适中时效果最佳。

下面我们来看一下对应的 LCEL 实现，继续使用 ReAct 论文总结场景，这次大家可以着重关注 Refine 策略用到的两组不同的提示词，以及循环过程的构建方式。

```python
from functools import partial
from operator import itemgetter

from langchain_core.prompts import PromptTemplate, format_document
```

```python
from langchain_core.output_parsers import StrOutputParser
from langchain_community.chat_models import ChatOllama
from langchain_community.document_loaders import ArxivLoader
from langchain.text_splitter import RecursiveCharacterTextSplitter

# 加载 arXiv 上的论文 ReAct: Synergizing Reasoning and Acting in
Language Models
loader = ArxivLoader(query="2210.03629", load_max_docs=1)
docs = loader.load()

# 把文本分割成 500 个字符为一组的片段
text_splitter = RecursiveCharacterTextSplitter(
    chunk_size = 500,
    chunk_overlap = 50
)
chunks = text_splitter.split_documents(docs)

llm = ChatOllama(model="llama2-chinese:13b")

# 构建工具函数：将 Document 转换成字符串
document_prompt = PromptTemplate.from_template("{page_content}")
    partial_format_document = partial(format_document, prompt=
document_prompt)

# 构建 Context 链：总结第一个文档并作为后续总结的上下文
first_prompt = PromptTemplate.from_template("Summarize this content:
\n\n {context}")
    context_chain = {"context": partial_format_document} | first_prompt
| llm | StrOutputParser()

# 构建 Refine 链：基于上下文（上一次的总结）和当前内容进一步总结
refine_prompt = PromptTemplate.from_template(
    "Here's your first summary: {prev_response}. "
    "Now add to it based on the following context: {context}"
```

```
)
refine_chain = (
    {
        "prev_response": itemgetter("prev_response"),
        "context": lambda x: partial_format_document(x["doc"]),
    }
    | refine_prompt
    | llm
    | StrOutputParser()
)


# 构建一个负责执行 Refine 循环的函数
def refine_loop(docs):
    summary = context_chain.invoke(docs[0])
    for i, doc in enumerate(docs[1:]):
        summary = refine_chain.invoke({"prev_response": summary,
"doc": doc})
    return summary


refine_loop(chunks[:4])
```

"In this paper, we propose a novel approach called REACT that integrates reasoning traces and acting capabilities within a single framework to improve the overall performance of large language models (LLMs). By interleaving reasoning and acting, we can synergize the two cognitive abilities and enhance the capabilities of LLMs in various applications such as natural language processing, human-computer interaction, and cognitive systems.\n\nOur approach addresses issues of hallucination and error propagation in chain-of-thought reasoning by interacting with a simple Wikipedia API and generating human-like task-solving trajectories that are more interpretable than baselines without reasoning traces. Furthermore, on two interactive decision making benchmarks (ALFWorld and WebShop), ReAct outperforms imitation and reinforcement learning methods by an absolute success rate of 34% and 10% respectively, while being prompted with natural language commands.\n\nREACT's potential for

improving the capabilities of LLMs in various applications is
significant, especially when it comes to dealing with open-ended
questions or conversation scenarios where reasoning traces are
essential to handling ambiguity and uncertainty. By leveraging the
strengths of reasoning and acting together with synergistic
integration, REACT has the potential to revolutionize various
applications of language and cognitive systems.\n\nIn addition, we
explore different components of REACT to provide insights into how
they contribute to its overall performance. We also suggest potential
avenues for future research to further enhance the capabilities of
LLMs. Our proposed model, REACT, has the potential to overcome
existing limitations and provide improved human interpretability and
trustworthiness in various applications.\n"

　　LangChain 提供了 3 种常用且高效的文档处理策略。我们可以根据文档量、文档关联性及响应效率，选择合适的文档处理策略来进行文档处理业务的构建。正确使用文档处理策略，能大幅度提升问答对多文档理解和利用的能力。

4.5　LCEL 语法解析：RunnableLambda 和 RunnableMap

　　在前文的场景代码示例中，我们使用了一个"包含函数的字典"语法结构来为提示词模板准备内容，这里涉及两个 LCEL 中非常重要且特别常用的概念，分别是RunnableLambda 和 RunnableMap。

4.5.1　RunnableLambda

　　RunnableLambda 是 LCEL 表达式中的一个类，它用于将任意函数或代码定义和执行为可运行任务。RunnableLambda 提供了多种方法和功能，用于绑定参数、配置可运行任务、同步调用、将输入映射到输出等。

　　RunnableLambda 有两种常见的表现形式，一种是直接使用 Python 的 Lambda函数表达式。

```
lambda docs: "\n\n".join(
```

```
    format_document(doc, doc_prompt) for doc in docs
)
```

另一种可以被看作是 LangChain 对 Python 函数的封装，官方示例如下。

```
from operator import itemgetter

from langchain_core.runnables import RunnableLambda
from langchain_core.prompts import ChatPromptTemplate
from langchain_community.chat_models import ChatOllama

# 具有单个参数的函数可以直接被 RunnableLambda 封装
def length_function(text):
    return len(text)

# 具有多个参数的函数需要先被封装成具有单个参数的函数，再传递给 RunnableLambda
def _multiple_length_function(text1, text2):
    return len(text1) * len(text2)

def multiple_length_function(_dict):
    return _multiple_length_function(_dict["text1"], _dict["text2"])

prompt = ChatPromptTemplate.from_template("what is {a} + {b}")
model = ChatOllama(model="llama2-chinese:13b")

chain1 = prompt | model

chain = (
    {
        "a": itemgetter("foo") | RunnableLambda(length_function),
        "b": {"text1": itemgetter("foo"), "text2": itemgetter
("bar")}
        | RunnableLambda(multiple_length_function),
```

```
    }
    | prompt
    | model
)
chain.invoke({"foo": "bar", "bar": "gah"})
```

```
AIMessage(content='12')
```

需要特别注意的是，这些 RunnableLambda 的所有输入必须是单个参数。如果有一个接收多个参数的函数，则应该编写一个接收单个输入并将其解包为多个参数的包装器。

此外，我们还可以在 RunnableLambda 中同时封装同步和异步方法，以便配合调用链在同步或异步上下文中使用。

```
from langchain_core.runnables import RunnableLambda

def add_one(x: int) -> int:
    return x + 1

runnable = RunnableLambda(add_one)

runnable.invoke(1)              # 返回 2
runnable.batch([1, 2, 3])      # 返回 [2, 3, 4]

# 在默认情况下，通过调用同步函数实现来支持异步调用
await runnable.ainvoke(1)       # 返回 2
await runnable.abatch([1, 2, 3])   # 返回 [2, 3, 4]

# 同时准备同步和异步函数实现，由 RunnableLambda 一同封装，按需使用
async def add_one_async(x: int) -> int:
    return x + 1

runnable = RunnableLambda(add_one, afunc=add_one_async)
```

```
runnable.invoke(1)              # 使用 add_one
await runnable.ainvoke(1)       # 使用 add_one_async
```

4.5.2　RunnableMap

RunnableMap 更加直白，也特别常用，它通常以一个字典结构出现，它的大致运行逻辑如下。

（1）字典中的每个属性都会接收相同的输入参数。

（2）LCEL 使用这些参数并行地调用设置为字典的属性值的 Runnable 对象（或函数）。

（3）LCEL 使用每个调用的返回值（按键值关系）填充字典对象。

（4）将填充完数据的字典对象传递给 Runnable Sequence 中的下一个 Runnable 对象。

RunnableMap 允许在两个 Runnable 对象之间（虽然通常出现在 Runnable Sequence 的第一个元素中）插入数据处理和转换的逻辑。因此通常我们可以使用 RunnableMap 灵活地实现两个 Runnable 对象之间的适配和过渡，常见的处理行为如下。

（1）从上游对象输出中，提取需要的数据作为下游对象的输入。

（2）对数据进行处理，生成下游对象需要的新数据。

（3）直接透传上游对象的原始输入数据。

因此，RunnableMap 是构建复杂 Runnable Sequence 的关键一环。它像黏合剂一样，把多个 Runnable 对象黏合在一起。通过 RunnableMap，我们可以衔接、适配一个长的语言处理流程，自由调整不同对象之间的数据流向。

最后但也是非常重要的一点：RunnableMap 的"真身"其实是 RunnableParallel，它的核心可以轻松并行执行多个 Runnable 对象，并且将这些 Runnable 对象的输出作为映射返回。我们可以通过以下示例更清楚地看到 RunnableParallel 提供的并行调用 Runnable 对象的能力。

```python
from langchain_core.prompts import ChatPromptTemplate
from langchain_core.runnables import RunnableParallel
from langchain_community.chat_models import ChatOllama


model = ChatOllama(model="llama2-chinese:13b")


joke_chain = ChatPromptTemplate.from_template("讲一句关于{topic}的笑话") | model
poem_chain = ChatPromptTemplate.from_template("写一首关于{topic}的短诗") | model


# 通过 RunnableParallel 来并行执行两个调用链
map_chain = RunnableParallel(joke=joke_chain, poem=poem_chain)
map_chain.invoke({"topic": "小白兔"})
```

第 5 章

面向文档的对话机器人实战

面向文档的对话机器人是 LangChain 可以实现的一个较复杂但非常实用的应用场景。简单来说，就是上传文档给 AI，用户可以根据文档的内容与 AI 进行问答和闲聊。在这种场景下，AI 需要理解文档内容，以便回答具体问题。与此同时，当问题超出文档范围时，AI 还需要具有开放领域对话的能力。

这个场景的典型应用是企业内部的文档对话机器人。随着组织规模的扩大，研发及业务团队的文档数量激增，新员工学习的门槛提高。如果可以将这些文档上传给 AI，实现轻松问答和聊天，就可以事半功倍地提高新员工的学习效率。

LangChain 为实现文档对话机器人提供了完整的模块和组件。

（1）需要一个文档加载器，将文档输入系统。既支持直接上传本地文档，也可以集成公司文档存储服务。

（2）对长文档进行分割，生成适合长度的片段，此步骤通过文本分割器完成。

（3）先使用向量化模型将文本映射为向量，然后保存到向量存储，构建私域数据存储。

（4）当用户提出问题时，使用 Retriever 从向量存储中检索相关文档内容。

（5）将用户问题及相关内容组合为提示词，通过构建对话式的 RAG 调用链，调用大语言模型生成响应。

（6）在对话过程中使用 Memory 存储上下文，确保回答连贯一致。当问题超出文档范围时，对话模型可以配合开放领域知识提供解答。

5.1　场景代码示例

下面我们一起看一个基于 LCEL 完成的文档对话机器人的基础实现。

```
from operator import itemgetter

from langchain_core.prompts import ChatPromptTemplate, PromptTemplate,
```

```
format_document
    from langchain_core.output_parsers import StrOutputParser
    from langchain_core.runnables import RunnablePassthrough,
RunnableLambda
    from langchain_community.chat_models import ChatOllama
    from langchain_community.embeddings import OllamaEmbeddings
    from langchain_community.vectorstores.faiss import FAISS
    from langchain_community.document_loaders import ArxivLoader
    from langchain.text_splitter import RecursiveCharacterTextSplitter


    # 加载 arXiv 上的论文 ReAct: Synergizing Reasoning and Acting in
Language Models
    loader = ArxivLoader(query="2210.03629", load_max_docs=1)
    docs = loader.load()


    # 把文本分割成 200 个字符为一组的片段
    text_splitter = RecursiveCharacterTextSplitter(chunk_size=200,
chunk_overlap=20)
    chunks = text_splitter.split_documents(docs)


    # 构建 FAISS 向量存储和对应的 Retriever
    vs = FAISS.from_documents(chunks[:10], OllamaEmbeddings(model=
"llama2-chinese:13b"))
    # vs.similarity_search("What is ReAct")
    retriever = vs.as_retriever()


    # 构建 Document 转文本段落的工具函数
    DEFAULT_DOCUMENT_PROMPT = PromptTemplate.from_template
(template="{page_content}")
    def _combine_documents(
        documents, document_prompt=DEFAULT_DOCUMENT_PROMPT,
document_separator= "\n\n"
    ):
```

```
    doc_strings = [format_document(doc, document_prompt) for doc
in documents]
    return document_separator.join(doc_strings)


# 准备 Model I/O 三元组
template = """Answer the question based only on the following
context:
{context}


Question: {question}
"""
prompt = ChatPromptTemplate.from_template(template)
model = ChatOllama(model="llama2-chinese:13b")


# 构建 RAG 链
chain = (
    {
        "context": retriever | _combine_documents,
        "question": RunnablePassthrough()
    }
    | prompt
    | model
    | StrOutputParser()
)
chain.invoke("什么是 ReAct? ")
```

'"ReAct: SYNERGIZING REASONING AND ACTING IN LANGUAGE MODELS"
是一篇由 Department of Computer Science, Princeton University 和
Google Research 的 Brain team 合作在 ICLR 2023 发表的研究论文。ReAct 旨在
探索 LLMs 用于生成任务解释轨迹和任务特定动作的方法，以优化解决问题之间的交织
关系。'

5.2 场景代码解析

上面的场景示例代码基本上实现了"基于文档内容来回答用户问题"的基础流程，下面我们一起了解一下大致的代码逻辑。

（1）加载文档和预处理：从 arXiv 网站加载 ReAct 的论文，但这次我们把它分割成 200 个字符的文本块（之前是 500 个字符）。这是为了让后续的检索可以更细粒度地匹配到近似度较高的文本内容（文本块越大，越容易被匹配，但也会产生更多对回答用户问题无用的上下文）。

（2）构建向量存储和检索器：基于前 10 个文本块构建 FAISS（Facebook AI Similarity Search）向量存储和相应的检索器。

- FAISS 是一个用于高效相似性搜索和密集向量聚类的库，它包含的算法可以搜索任意大小的向量集。

- 这里使用 FAISS.from_documents 方法来将文档导入向量存储，该方法具有文档列表和要使用的 Embedding 模型两个参数。

- 使用向量存储的 as_retriever 方法可以直接得到绑定该向量存储的检索器实例对象。

（3）准备 Model I/O 三元组和工具函数：这部分比较直白，唯一要注意的是这里的工具函数的作用。检索器返回的结果是一组 Document 对象，但输入给提示词模板作为上下文的内容需要是字符串，所以必须使用一个这样的工具函数来完成文档内容的提取和字符串化的工作。

（4）构建 RAG 链：这部分是整个流程的核心，大致分为两步。

- 准备上下文，从文档中检索出和用户问题最相关的内容，把它抽取出来并拼接成一段参考文本。

- 利用 Model I/O 三元组完成对用户问题的回答，提示词中会包含用户的问题内容和步骤 1 中获得的上下文。

随着最后执行 invoke 方法，我们将得到基于文档内容的回答。下面将进一步介绍 RAG 的核心思想及 LangChain 的相关算法。

5.3　RAG 简介

RAG 是在人工智能领域中一个非常热门的技术，它主要用于构建针对特定领域的对话机器人，可以实现仅通过几行代码就让机器人"读懂"给定的文档并回答问题的效果。

5.3.1　什么是 RAG

RAG 的核心思想是，将用户的问题输入一个检索系统，系统先从事先准备好的知识库中查找与问题最相关的几段文本，然后将这些文本和原问题一起输送给一个大语言模型，大语言模型就可以综合这些信息来生成针对性强的回复。

所以 RAG 由以下几个关键步骤组成，如图 5-1 所示。

（1）基于外部数据构建知识库索引：将知识库中的文档转换为向量索引，以便进行相似度匹配和查询。

（2）在知识库中检索与用户问题相关的内容：当收到用户问题时，基于向量索引从知识库中快速查找与问题最相关的几段文本。

（3）基于检索的内容增强应答内容生成：将检索结果和原问题一起输入大语言模型，生成回复。

RAG 系统的优势在于，与单纯依赖大语言模型自己的知识回答问题相比，给模型提供相关的外部信息可以明显提升回复的质量，变得更有针对性，更符合场景需求。同时，只取最相关的几段文本而不是整篇文档，可以减少输入量，提高效率。

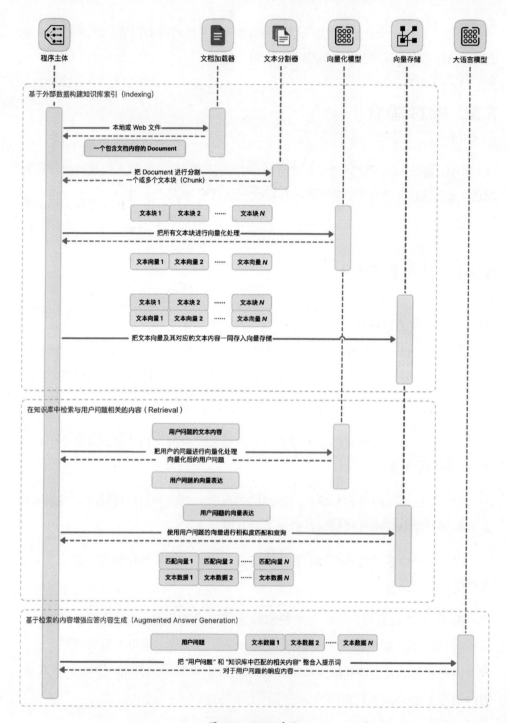

图 5-1　RAG 系统

5.3.2　RAG 的工作原理

深入了解 RAG 的工作原理，我们需要逐步解析其中的每一个步骤。

1．构建知识库索引

这一步的目标是将我们准备的用来训练对话机器人的文档或网站知识库转换为可以快速搜索的格式。具体来说，要完成以下工作。

（1）使用文档加载器加载知识库：文档加载器负责抓取文档，提取文档的原始文本。

（2）使用文本分割器对文档进行分割：对一个长文档来说，可能其中只有几段文本和用户的问题相关。所以这里要将文档分割成语义完整的片段（当然，将文档分割成多少个片段也是需要通过实际调试的，不是一个固定的、可直接计算的数值）。

（3）使用 Embedding 模型生成向量表示：使用预训练好的 Embedding 模型为每一个文本片段生成一个固定长度的连续向量，这是存入向量存储的基础。

（4）构建向量索引：将所有文本片段的向量表示和原文存储在向量搜索引擎中，比如 FAISS、Pinecone、Milvus、Chroma 等。

完成这一步后，知识库就变成了一个可搜索的向量数据库。

2．基于知识库进行检索

当接收到用户的问题时，RAG 按以下步骤进行相关内容的检索。

（1）使用相同的 Embedding 模型将问题转换为向量表示。注意一定要使用相同的 Embedding 模型，不同 Embedding 模型的算法和向量空间维度不同。

（2）在向量索引中找出与问题向量最相似的 N 个文本向量。注意这一步使用的是向量存储的相似度匹配、查询能力，常见误区是 Embedding 模型具有查询能力，实际上 Embedding 模型只负责生成文本向量表示的数据。

（3）返回对应的原文文本作为相关内容。注意原文文本是随文本向量一起存入向量存储的，通常一起被存入的还可以有一些文档的元数据，它们可以随向量查询的结果一起被取出。

通过快速的向量相似度匹配和查询，我们可以从海量文本中实时定位出与用户问题最相关的文档片段。

3. 基于检索内容增强生成

拿到相关内容之后，我们将其与原问题一起输送给大语言模型，辅助其生成答案。

（1）使用系统提示作为前缀，指示大语言模型我们提供了相关内容，要综合考虑后进行回答。

（2）将相关内容和问题按自定义的格式进行拼接。可以将相关内容标注为来源，以示区分。

（3）将组装好的文本作为提示词输入大语言模型，生成回复。

增强生成是 RAG 的最后一步，也是整个流程的目标和焦点。大语言模型可以充分利用提供的外部信息，给出针对性强且语义连贯的回答。

通过上面的描述，我们可以看到，RAG 为构建特定领域的对话机器人提供了清晰、高效的工作流程。它结合了向量搜索的强大检索能力和大语言模型的生成能力，使我们只需要编写少量代码就可以实现显著的问答增强效果。随着这一领域的快速发展，未来 RAG 系统的性能还将持续提升。

5.4 LangChain 中的 RAG 实现

在前面的场景示例代码中我们已经看到可以通过 LCEL 实现文档对话机器人的基本逻辑，下面我们结合 RAG 的工作原理重温 LangChain 的实现方式。

首先，LangChain 内置了各种各样的文档加载器，可以轻松加载不同格式的文档作为知识库的素材，比如从本地文件、网站、数据库等获取文档。文档加载器会自动进行提取纯文本、清理无用信息等工作，直接输出我们需要的文本文档。常见及常用的文档加载器如下。

（1）TextLoader：从本地文本文件加载文本。

（2）WebBaseLoader：从网页抓取文本。

（3）WikipediaLoader：从维基百科加载条目。

（4）JSONLoader：从 JSON 文件加载结构化文本。

（5）CSVLoader：从 CSV 文件加载表格数据。

这些实用的文档加载器为我们准备丰富的知识库提供了极大便利。

然后，对于知识库索引中最关键的文本分割步骤，LangChain 提供了强大的文档处理器模块。内置的文本分割器可以按段落、句子等进行分割，也可以基于文本的标题（Heading）结构进行分割。此外，开发者还可以定制分割的逻辑。

更强大的是，文档处理器模块不仅包含文本分割器，还提供了多种文档转换的工具，例如：清理 HTML 标签、数字等噪声；提取文档的元信息，比如标题、作者等；将文档翻译成其他语言；通过 OpenAI 的函数调用能力提取文档的语义信息等。这些文档处理器使后续的向量化和索引更加灵活。

在准备好文档之后，除了 LCEL 的方式，LangChain 也提供了只需要几行代码就可以构建向量索引和提供检索的 Off-the-Shelf 功能类，以下是一个简单的示例。

```
from langchain_community.document_loaders import WebBaseLoader
from langchain.indexes import VectorstoreIndexCreator

loader = WebBaseLoader("http://www.paulgraham.com/greatwork.html")
index = VectorstoreIndexCreator().from_loaders([loader])
index.query("What should I work on?")
```

在示例中，在 VectorstoreIndexCreator 这个核心类内部，索引模块会自动进行分割、向量化、写入向量数据库等操作。查询时也封装了向量搜索的逻辑，直接返回最相关的文档。

当然，更常见的使用场景是通过和向量存储关联绑定的 Retriever 模块来完成的。Retriever 模块本质上是一个接口，它根据非结构化查询返回文档。Retriever 模块比向量存储更通用，它不需要能够存储文档，只需要返回（或检索）文档。向量存储通常被用作 Retriever 模块的基建和底座，但也有其他类型的检索器可以不依赖于向量存储或会通过更复杂的逻辑来提升向量存储的检索能力，我们将在下一节中为大家介绍一些常用的检索器算法。

5.5 Retriever 模块的实用算法概览

Retriever 模块的工作步骤如下。

（1）查询分析：首先分析输入的查询，确定检索的关键词和参数。

（2）数据源选择：根据查询的性质选择合适的数据源。

（3）信息检索：从选定的数据源中检索相关信息。

（4）结果整合：将检索到的信息整合并格式化，以便进一步处理或直接展示。

基于以上工作步骤，Retriever 模块其实并不仅仅在检索增强生成这一个领域中可用，它在一些常见的场景中都可以发挥作用，例如以下场景。

（1）问答系统：在问答系统中，Retriever 模块可以用来检索回答问题所需的外部信息。

（2）内容生成：在内容生成应用中，Retriever 模块可以用来获取背景信息，以丰富和支持生成的内容。

（3）数据分析：在数据分析应用中，Retriever 模块可以用来收集和整理相关数据，以支持更深入的分析。

为了更有效地提升 Retriever 模块输出结果的准确性，我们可以在 Retriever 模块的工作逻辑中引入更多的流程设计,这些设计被称为 Retriever 算法或检索算法。下面我们将为大家介绍几个实用的算法,并且逐一进行解析。LangChain 内置的一些 Retriever 算法如表 5-1 所示,我们可以先了解一下这些算法各自专注的优化领域。

表 5-1　LangChain 内置的一些 Retriever 算法

算法名称	核心类	是否使用 LLM	优化查询分析	优化数据源	优化信息检索	优化结果整合
检索器融合	Ensemble Retriever	否				聚合不同检索器的匹配结果
上下文压缩	Contextual Compression Retriever	用于基于上下文压缩检索结果				基于上下文压缩/总结检索结果
自组织查询	SelfQuery Retriever	用于生成可用的条件查询			使用附带元数据的条件查询	
时间戳权重	Time Weighted VectorStore Retriever	否		数据源附带时间戳元数据		按时间权重对匹配结果二次排序
父文档回溯	Parent Document Retriever	否		用小(子)文本块进行索引		用大(父)文本块作为提示上下文
多维度回溯	MultiVector Retriever	可用于生成总结、假设性问题		多种数据源,如小文本、总结、假设性问题		用父文本块作为提示上下文
多角度查询	MultiQuery Retriever	用于从原始查询生成多个查询	生成多个针对源问题的子查询			

5.5.1 检索器融合

我们首先从 Retriever 模块工作流程的尾部看起——将检索到的信息整合并格式化，以优化提示词中的上下文。这里最直接的一个思路就是集成、合并多个检索算法的结果，LangChain 提供了 EnsembleRetriever 检索器，它可以集成多个不同的检索器，大致的执行流程如下。

（1）输入一组不同的检索器，并且为它们分配权重。

（2）调用每个检索器的 get_relevant_documents 方法，获取各自的相关文档结果。

（3）基于 Reciprocal Rank Fusion（RRF）算法，对各检索器的结果进行融合排名后，按需输出前 *N* 项结果。

检索器融合这种集成方式可以发挥不同检索器的优势，以寻求比单一检索器更好的效果，也被称为"混合检索"（Hybrid Search）。最常见的组合是稀疏匹配（如 BM25 算法）的检索器和密集匹配（如向量相似度）的检索器，因为两者优势互补。稀疏匹配的检索器擅长通过关键词匹配获取相关文档，密集匹配的检索器擅长通过语义相似度获取相关文档。

EnsembleRetriever 检索器提供了一个灵活的框架，可以自由加入新的检索器，下面我们结合一段官方示例来看一下它的使用方式。

```python
from langchain_openai import OpenAIEmbeddings
from langchain_community.vectorstores import FAISS
from langchain.retrievers import BM25Retriever, EnsembleRetriever

# 初始化稀疏匹配的检索器，这里使用 BM25Retriever
bm25_retriever = BM25Retriever.from_texts(doc_list)
bm25_retriever.k = 2
```

```
# 初始化密集匹配的检索器，这里使用 FAISS 向量存储绑定 Retriever
embedding = OpenAIEmbeddings()
faiss_vectorstore = FAISS.from_texts(doc_list, embedding)
faiss_retriever = faiss_vectorstore.as_retriever(search_kwargs =
{"k": 2})


# 初始化 EnsembleRetriever 检索器：传入两个检索器，并且配置它们的融合权重
ensemble_retriever = EnsembleRetriever(
    retrievers=[bm25_retriever, faiss_retriever], weights=[0.5, 0.5]
)


docs = ensemble_retriever.get_relevant_documents("<raw question
here>")
```

5.5.2　上下文压缩

本节以 ContextualCompressionRetriever 为例，介绍上下文压缩。ContextualCompressionRetriever 的目标是避免 Retriever 模块检索到的内容过于冗长从而加重大语言模型推理的负载（和费用开销）。它的实现方式也很简单：使用给定查询的上下文来压缩检索的输出，以便只返回相关信息，而不是立即按原样返回检索到的文档。这里的"压缩"既可以是压缩单个文档的内容，也可以是批量过滤文档。上下文压缩检索如图 5-2 所示。

使用上下文压缩检索器，我们需要有一个基本的检索器和一个专门的文档压缩器。上下文压缩检索器会先将查询传递到基本检索器，获取初始文档后将它们传递到文档压缩器；文档压缩器获取文档列表并通过减少文档内容或完全删除文档来达到压缩的效果。下面我们通过一个官方的示例来了解一下如何使用 ContextualCompressionRetriever 和 LLMChainExtractor 进行上下文压缩。

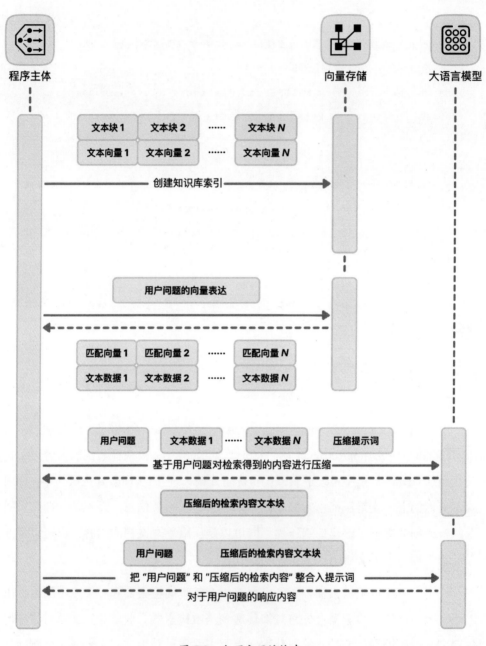

图 5-2　上下文压缩检索

```
from langchain_openai import OpenAI OpenAIEmbeddings
from langchain_community.document_loaders import TextLoader
from langchain_community.vectorstores.faiss import FAISS
```

```
from langchain.text_splitter import CharacterTextSplitter
from langchain.retrievers import ContextualCompressionRetriever
from langchain.retrievers.document_compressors import
LLMChainExtractor

# 通过各类文档加载器正常加载文档并通过文本分割器按需进行分割
documents = TextLoader('/path/to/file').load()
text_splitter = CharacterTextSplitter(chunk_size=1000, chunk_overlap
=0)
texts = text_splitter.split_documents(documents)

# 基于 FAISS 向量存储构建基础的检索器
retriever = FAISS.from_documents(texts, OpenAIEmbeddings()).
as_retriever()
# 初始文档可以通过基础检索器获取, 这一步在 ContextualCompressionRetriever
中完成
# docs = retriever.get_relevant_documents("<raw question here>")

# 基于 OpenAI 能力构建一个文档压缩器, 它将逐一处理初始文档并从每个文档中提取
与查询相关的内容
llm = OpenAI(temperature=0)
compressor = LLMChainExtractor.from_llm(llm)

# 最后把基础检索器和文档压缩器传入 ContextualCompressionRetriever, 让它
进行问答的检索, 对上下文进行压缩处理并输出结果
compression_retriever = ContextualCompressionRetriever
(base_compressor=compressor, base_retriever=retriever)
compressed_docs = compression_retriever.get_relevant_documents
("<raw question here>")
```

5.5.3　自组织查询

接着我们把 Retriever 模块工作流程的优化点移向"信息检索"。如何有效地
检索向量存储中的大量数据，是直接使用一个文本问题进行相似度搜索，还是可

以适当地使用向量存储的高级查询能力（例如基于元数据配合向量一起检索）？
当我们选用的向量存储确实具备高级查询能力时，更进一步的问题就转化成了如
何通过大语言模型生成向量存储可识别可使用的查询语句。于是，就有了自组织
查询（Self Querying）的检索算法实现，在 LangChain 中我们可以通过
SelfQueryRetriever 来完成自组织查询。自组织查询如图 5-3 所示。

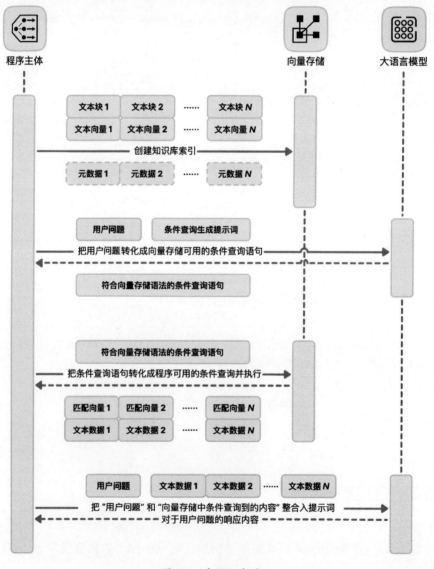

图 5-3　自组织查询

如图 5-3 所示，当我们给定一个自然语言查询，自组织检索器会首先通过大语言模型来编写一个结构化查询，然后将该结构化查询转化成其底层向量存储可识别可使用的查询语句，最终应用于底层向量存储从而获得检索结果。这种自组织查询的流程设计不仅允许自组织检索器将用户查询与存储文档的内容进行语义相似性比较，还可以面向存储文档的元数据构造过滤器并把这些过滤器应用到检索过程中。

下面我们先通过一个官方示例来看一下如何使用 SelfQueryRetriever 来构建自组织查询能力。

```python
from langchain_openai import ChatOpenAI,OpenAIEmbeddings
from langchain_core.documents import Document
from langchain_community.vectorstores.chroma import Chroma
from langchain.retrievers.self_query.base import SelfQueryRetriever
from langchain.chains.query_constructor.base import AttributeInfo
# 准备一些实验用的数据，请重点关注 metadata 元数据部分的内容
docs = [
    Document(
        page_content="A bunch of scientists bring back dinosaurs
and mayhem breaks loose",
        metadata={"year": 1993, "rating": 7.7, "genre": "science
fiction"},
    ),
    Document(
        page_content="Leo DiCaprio gets lost in a dream within a
dream within a dream within a ...",
        metadata={"year": 2010, "director": "Christopher Nolan",
"rating": 8.2},
    ),
    Document(
        page_content="A psychologist / detective gets lost in a
series of dreams within dreams within dreams and Inception reused the
idea",
```

```
        metadata={"year": 2006, "director": "Satoshi Kon", "rating":
8.6},
    ),
    Document(
        page_content="A bunch of normal-sized women are supremely
wholesome and some men pine after them",
        metadata={"year": 2019, "director": "Greta Gerwig", "rating":
8.3},
    ),
    Document(
        page_content="Toys come alive and have a blast doing so",
        metadata={"year": 1995, "genre": "animated"},
    ),
    Document(
        page_content="Three men walk into the Zone, three men walk
out of the Zone",
        metadata={
            "year": 1979,
            "director": "Andrei Tarkovsky",
            "genre": "thriller",
            "rating": 9.9,
        },
    ),
]
```

这里必须使用支持 Self Querying 的向量存储（也就是具备一定的高级检索能力的向量存储）

```
vectorstore = Chroma.from_documents(docs, OpenAIEmbeddings())
```

【重要】定义在自组织查询中用于提取结构化数据的数据结构（细化到属性名称、属性描述、类型）

```
metadata_field_info = [
    AttributeInfo(
        name="genre",
        description="The genre of the movie. One of ['science
```

```
fiction', 'comedy', 'drama', 'thriller', 'romance', 'action',
'animated']",
        type="string",
    ),
    AttributeInfo(
        name="year",
        description="The year the movie was released",
        type="integer",
    ),
    AttributeInfo(
        name="director",
        description="The name of the movie director",
        type="string",
    ),
    AttributeInfo(
        name="rating", description="A 1-10 rating for the movie",
type="float"
    ),
]
# 提供文档主体内容的描述（也是结构化数据的一部分）
document_content_description = "Brief summary of a movie"


# 构建 SelfQueryRetriever：把以上准备的大语言模型、向量存储、结构化数据描述
一并导入
retriever = SelfQueryRetriever.from_llm(
    ChatOpenAI(temperature=0),
    vectorstore,
    document_content_description,
    metadata_field_info,
    # 通过这个参数让检索器可以识别自然语言定义的文档返回数量
    enable_limit=True,
)
```

在实际使用的时候，我们可以用以下方式进行查询。

```
# 只查询元数据
retriever.invoke("I want to watch a movie rated higher than 8.5")
# [Document(page_content='Three men walk into the Zone, three men
walk out of the Zone', metadata={'director': 'Andrei Tarkovsky',
'genre': 'thriller', 'rating': 9.9, 'year': 1979}),
# Document(page_content='A psychologist / detective gets lost in
a series of dreams within dreams within dreams and Inception reused
the idea', metadata={'director': 'Satoshi Kon', 'rating': 8.6,
'year': 2006})]


# 既查询元数据，又查询文档内容
retriever.invoke("Has Greta Gerwig directed any movies about
women")
# [Document(page_content='A bunch of normal-sized women are
supremely wholesome and some men pine after them',
metadata={'director': 'Greta Gerwig', 'rating': 8.3, 'year': 2019})]


# 查询多类元数据
retriever.invoke("What's a highly rated (above 8.5) science
fiction film?")
# [Document(page_content='A psychologist / detective gets lost in
a series of dreams within dreams within dreams and Inception reused
the idea', metadata={'director': 'Satoshi Kon', 'rating': 8.6,
'year': 2006}),
# Document(page_content='Three men walk into the Zone, three men
walk out of the Zone', metadata={'director': 'Andrei Tarkovsky',
'genre': 'thriller', 'rating': 9.9, 'year': 1979})]


# 既查询多类元数据，又查询文档内容
retriever.invoke("What's a movie after 1990 but before 2005 that's
all about toys, and preferably is animated")
# [Document(page_content='Toys come alive and have a blast doing
so', metadata={'genre': 'animated', 'year': 1995})]


# 只查询内容，但限制文档返回数量（需要开启 enable_limit=True 配置项）
```

```
retriever.invoke("What are two movies about dinosaurs")
# [Document(page_content='A bunch of scientists bring back
dinosaurs and mayhem breaks loose', metadata={'genre': 'science
fiction', 'rating': 7.7, 'year': 1993}),
# Document(page_content='Toys come alive and have a blast doing
so', metadata={'genre': 'animated', 'year': 1995})]
```

在了解了 SelfQueryRetriever 的能力之后，我们还需要进一步挖掘一下它是如何做到结构化数据的提取和转换的。先看简单的部分，相对于把自然语言中的内容提取为结构化的查询数据，把已经结构化的查询数据转换为底层向量存储可识别可使用的数据结构是相对容易做到的。LangChain 提供了多个结构化查询的转换器（Structured Query Translator），SelfQueryRetriever 会在 from_llm 的工具方法中结合导入的向量存储类型自动地选择与其对应的转换器，同时提供了在 SelfQueryRetriever 的构造函数中直接绑定转换器的方法。

```
from langchain.retrievers.self_query.chroma import ChromaTranslator

retriever = SelfQueryRetriever(
    # …,
    vectorstore=vectorstore,
    # 使用 Chroma 向量存储，并且绑定与其对应的结构化查询转换器
    structured_query_translator=ChromaTranslator(),
)
```

之后，问题来到了 SelfQueryRetriever 最核心的部分，也就是如何把自然语言中的内容提取为结构化的查询数据。为了一探究竟，我们把视角切换到 SelfQueryRetriever 的白盒 LCEL 实现方式。

```
from langchain.chains.query_constructor.base import (
    StructuredQueryOutputParser,
    get_query_constructor_prompt,
)
from langchain.retrievers.self_query.chroma import ChromaTranslator

# 这个是整个 SelfQueryRetriever 的核心，也就是构建提取结构化的查询数据的提
```

示词

```
prompt = get_query_constructor_prompt(
    document_content_description,
    metadata_field_info,
)
# 对应的输出解析器整理并导出结构化的查询数据
output_parser = StructuredQueryOutputParser.from_components()

# 构建 SelfQueryRetriever 的查询数据获取（调用）链
query_constructor = prompt | llm | output_parser

retriever = SelfQueryRetriever(
    query_constructor=query_constructor,
    vectorstore=vectorstore,
    structured_query_translator=ChromaTranslator(),
)
```

可以看到，整个 Retriever 模块的核心还是落在了提示词及执行提示词的大语言模型本身的能力上。最后就让我们看一下目前 SelfQueryRetriever 使用的默认提示词，当然大家也可以基于此来自定义提示词，从而更好地适配不同的大语言模型。

```
Your goal is to structure the user's query to match the request
schema provided below.

    << Structured Request Schema >>
    When responding use a markdown code snippet with a JSON object
formatted in the following schema:

    ```json
    {
        "query": string \ text string to compare to document contents
        "filter": string \ logical condition statement for filtering
documents
    }
```
```

```
```

The query string should contain only text that is expected to match the contents of documents. Any conditions in the filter should not be mentioned in the query as well.

A logical condition statement is composed of one or more comparison and logical operation statements.

A comparison statement takes the form: `comp(attr, val)`:
- `comp` (eq | ne | gt | gte | lt | lte | contain | like | in | nin): comparator
- `attr` (string): name of attribute to apply the comparison to
- `val` (string): is the comparison value

A logical operation statement takes the form `op(statement1, statement2, ...)`:
- `op` (and | or | not): logical operator
- `statement1`, `statement2`, ... (comparison statements or logical operation statements): one or more statements to apply the operation to

Make sure that you only use the comparators and logical operators listed above and no others.

Make sure that filters only refer to attributes that exist in the data source.

Make sure that filters only use the attributed names with its function names if there are functions applied on them.

Make sure that filters only use format `YYYY-MM-DD` when handling timestamp data typed values.

Make sure that filters take into account the descriptions of attributes and only make comparisons that are feasible given the type of data being stored.

Make sure that filters are only used as needed. If there are no filters that should be applied return "NO_FILTER" for the filter value.

```
    << Example 1. >>
    Data Source:
    ```json
    {
        "content": "Lyrics of a song",
        "attributes": {
            "artist": {
                "type": "string",
                "description": "Name of the song artist"
            },
            "length": {
                "type": "integer",
                "description": "Length of the song in seconds"
            },
            "genre": {
                "type": "string",
                "description": "The song genre, one of "pop", "rock"
or "rap""
            }
        }
    }
    ```

    User Query:
    What are songs by Taylor Swift or Katy Perry about teenage
romance under 3 minutes long in the dance pop genre

    Structured Request:
    ```json
    {
```
```

```
    "query": "teenager love",
    "filter":  "and(or(eq(\"artist\",  \"Taylor  Swift\"),
eq(\"artist\", \"Katy Perry\")), lt(\"length\", 180), eq(\"genre\",
\"pop\"))"
    }
    ```
```

```
<< Example 2. >>
Data Source:
```json
{
    "content": "Lyrics of a song",
    "attributes": {
        "artist": {
            "type": "string",
            "description": "Name of the song artist"
        },
        "length": {
            "type": "integer",
            "description": "Length of the song in seconds"
        },
        "genre": {
            "type": "string",
            "description": "The song genre, one of "pop", "rock"
or "rap""
        }
    }
}
```
```

```
User Query:
What are songs that were·not published on Spotify
```
```

```
Structured Request:
```json
{
    "query": "",
    "filter": "NO_FILTER"
}
```


<< Example 3. >>
Data Source:
```json
{
    "content": "Brief summary of a movie",
    "attributes": {
    "genre": {
        "description": "The genre of the movie. One of ['science
fiction', 'comedy', 'drama', 'thriller', 'romance', 'action',
'animated']",
        "type": "string"
    },
    "year": {
        "description": "The year the movie was released",
        "type": "integer"
    },
    "director": {
        "description": "The name of the movie director",
        "type": "string"
    },
    "rating": {
        "description": "A 1-10 rating for the movie",
        "type": "float"
```
```

```
        }
    }
}
```

```
User Query:
{query}

Structured Request:
```

在这份提示词中，我们可以清楚地看到几个关键点。

（1）这是一份面向 LLM 模型的提示词，主要利用大语言模型文本补全的能力来完成推理。

（2）推理的提示方式是典型的 Few Shot，即提供少量样例输入和输出来引导推理。

（3）整个提示词最核心的部分就是 Structured Request Schema 约定，这里定义了查询语法和可以使用的关键词，以及多项推理输出约束。

（4）document_content_description 和 metadata_field_info 被合并为一个 JSON 对象并作为数据源来使用。

5.5.4　时间戳权重

再往下，我们来到"数据源选择"这个流程，有技巧地控制检索的源头——即控制哪些数据以什么样的形式进入向量存储，是存在很大调优的空间的。我们首先来看一个比较直观的思路，让数据都附带上时间戳元数据，这样就可以按照"时间越近，相关度越高"的原则进行排序，由此检索结果就考虑了文档本身内容的相关性，也综合了用户可能更关心新增和更新信息的需求。与直接按时间排序相比，它避免了仅根据时间推送不相关文档的问题；与只根据语义排序相比，它进行了时间上的优化。

LangChain 通过 TimeWeightedVectorStoreRetriever 来支持基于时间戳权重的检索，这种融合了语义相似度和文档时间信息的检索方式，可以将两种排序结果进行组合，语义相似度较高且较新的文档会被排在前面。我们还可以设置时间衰减的参数，控制时间因素的权重大小，实现在查询时新近关注程度的调节。TimeWeightedVectorStoreRetriever 在计算每个对象的相关度分数时，同时考虑了语义相似度和时间衰减两个因素，相关度分数的计算公式为：语义相似度+（1.0-衰减率）^{对象被访问后经过的小时数}。这里的关键是，时间计算基于对象最后被访问的时间，而不是创建时间。也就是说，如果一个对象经常被访问，它的时间因子就能维持在一个较高的数值，不会衰减太快，这样频繁被访问的对象能始终保持较高的相关度分数，就像是保持着"新鲜度"一样。

通过调节衰减率参数，可以控制时间因子的衰减速度，平衡语义匹配程度和"新鲜度"。整体来说，TimeWeightedVectorStoreRetriever 实现了对查询的语义理解和对新信息需求的组合考量。下面我们通过一段官方的示例代码来了解一下如何使用 TimeWeightedVectorStoreRetriever 及设置衰减率参数。

```python
from datetime import datetime, timedelta
import faiss

from langchain_core.schema import Document
from langchain_openai import OpenAIEmbeddings
from langchain_community.vectorstores import FAISS
from langchain_community.docstore import InMemoryDocstore
from langchain.retrievers import TimeWeightedVectorStoreRetriever

# 初始化向量存储
embeddings_model = OpenAIEmbeddings()
embedding_size = 1536
index = faiss.IndexFlatL2(embedding_size)
vectorstore = FAISS(embeddings_model, index, InMemoryDocstore({}),
{})
```

```
# 初始化 TimeWeightedVectorStoreRetriever，把衰减率设置得极低（接近 0，
0 表示永不衰减）
retriever = TimeWeightedVectorStoreRetriever(
    vectorstore=vectorstore, decay_rate=0.0000000000000000000000001,
k=1
)

# 为所有 Document 对象添加时间戳元数据
yesterday = datetime.now() - timedelta(days=1)
retriever.add_documents(
    [Document(page_content="hello world", metadata={"last_accessed_at":
yesterday})]
)
retriever.add_documents([Document(page_content="hello foo")])

retriever.get_relevant_documents("<raw question here>")
```

5.5.5　父文档回溯

再往下，我们来到"数据源选择"流程，有技巧地控制检索的源头，即控制哪些数据以什么样的形式存入向量存储，是存在很大调优的空间的。下面我们就为大家介绍两个常用的检索源准备思路，它们的核心思想都是"细粒度检索，粗粒度引用"。

首先是一个单一维度的检索内容回溯。将输入文本分割成小块和大块：小块通过向量空间建模，实现更准确的语义检索；大块提供更完整的语义内容。这种方式被称为父文档回溯，LangChain 提供了 ParentDocumentRetriever 来支持这种检索算法。下面我们结合官方提供的示例代码一起来阅读和分析 ParentDocumentRetriever 的使用过程和使用要点。

ParentDocumentRetriever 有两个核心组件：向量存储和普通存储。向量存储用

于存储小块及其文本向量表示，普通存储用于存储大块的文档内容。

```python
from langchain.storage import InMemoryStore
from langchain_openai import OpenAIEmbeddings
from langchain_community.vectorstores import Chroma
from langchain.text_splitter import RecursiveCharacterTextSplitter

# 向量存储用于存储小块文档及其文本向量表示
vectorstore = Chroma(
    collection_name="split_parents", embedding_function=
OpenAIEmbeddings()
)
# 普通存储用于存储大块文档，这里使用内存作为普通存储
store = InMemoryStore()
```

此外，我们定义父文档分割器和子文档分割器两个不同片段粒度的文本分割器。

```python
# 父文档分割器用于分割大块文档
parent_splitter = RecursiveCharacterTextSplitter(chunk_size=2000)
# 子文档分割器用于分割小块文档（文本片段的粒度需要小于父文档分割器分割后的文本片段粒度）
child_splitter = RecursiveCharacterTextSplitter(chunk_size=400)
```

基于这些组件，我们就可以构造 ParentDocumentRetriever 并进行检索。

```python
from langchain.retrievers import ParentDocumentRetriever

retriever = ParentDocumentRetriever(
    vectorstore=vectorstore,
    docstore=store,
    child_splitter=child_splitter,
    parent_splitter=parent_splitter,
)


# ParentDocumentRetriever 构建完成之后，可以直接添加文档、建立索引，后续文本分割和向量化都在其内部完成
```

```
retriever.add_documents(docs)

# 使用 ParentDocumentRetriever 进行检索只需要常规化地输入问题即可
retrieved_docs = retriever.get_relevant_documents("some question")
```

由于 ParentDocumentRetriever 也是黑盒封装其中的文本分割、向量化和检索过程，我们结合图 5-4 来和大家一窥其中的实现细节。

首先是文档添加过程。在调用 add_documents 添加文档时，会进行文档分割和大小文档存储。

parent_splitter 分割出大块文档，为每个大块文档分配唯一 ID（默认为 UUID），并且存储为 docstore 中的一条记录。

child_splitter 继续分割出小块文档，小块文档存入 vectorstore，同时存储父文档的 ID 作为元数据。

然后是文档检索过程。在调用 get_relevant_documents 检索相关文档时，进行小块文档匹配和父文档回溯。

从 vectorstore 中取出与查询相关的小块文档，对小块文档进行顺序遍历，收集所有父文档的 ID。

使用父文档 ID 从 docstore 取出大块文档，返回大块文档作为最终的检索结果。

可以看出，索引和检索实际上是在小块文档上进行的，但最终返回的结果是大块文档。这种基于父文档回溯的检索增强生成算法，结合了小块文档语义表达的准确性和大块文档语义的完整性的优势，从检索算法的设计角度来看具有以下特点。

（1）小块文档的语义表征更加准确，所以利用小块文档检索以提高匹配精度。

（2）大块文档提供完整语义内容，所以最终返回大块文档以保证语义完整性。

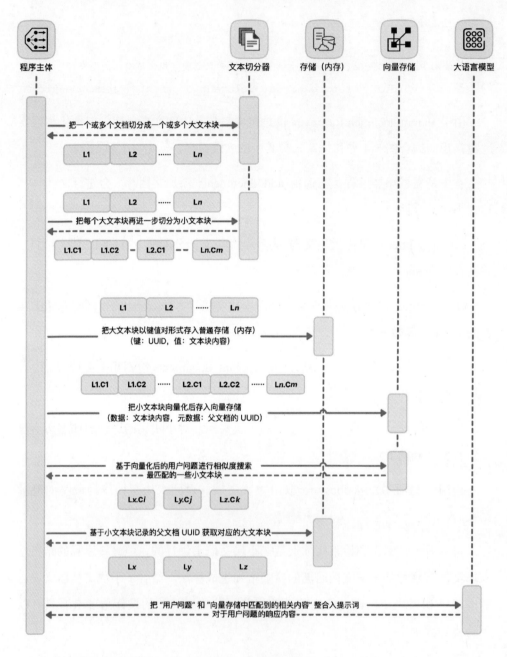

图 5-4　父文档回溯

可以看出，父文档回溯检索器尝试解决构建文本块级索引和保证检索文档语义完整性之间的矛盾。在具体的开发实践中，我们还需要对关键参数进行调优，例如以下参数。

（1）调整 parent_splitter 和 child_splitter 的 chunk_size 来控制大小块文档的粒度，使之更贴合输入文档的内容特性，从而提升语义的完整性和表征的准确性。

（2）调整向量存储使用的 embedding_function，可以选择不同的开源模型、闭源模型、向量空间维度，使之更好地配合底层向量存储的索引和检索能力，从而实现更高质量的语义匹配。

根据实际需求调整这些参数，可以让我们有机会获得更加满意的效果。同时，我们可以持续从流程角度来思考优化检索效果的可行性，所以下面我们继续为大家介绍第二种检索内容回溯的检索算法设计思路。

5.5.6　多维度回溯

多维度回溯是指从多个不同维度构建的文档向量空间中进行检索和结果整合的流程设计。在 LangChain 的实现中，我们可以通过 MultiVectorRetriever 来完成这个检索算法。MultiVectorRetriever 允许我们根据不同的维度构建文档向量，例如基于文本内容本身、基于文档摘要、基于假设的用户查询等。在检索时，这些向量会被综合考虑，从而实现多维度的语义匹配和结果整合。

首先我们需要构建检索器，和构建 ParentDocumentRetriever 相似，我们需要先准备好向量存储（vectorstore）和普通存储（docstore）。

```python
from langchain_openai import OpenAIEmbeddings
from langchain_community.vectorstores import Chroma
from langchain.storage import InMemoryStore
from langchain.retrievers.multi_vector import MultiVectorRetriever

# 向量存储用于存储小块文档及其向量表示
vectorstore = Chroma(
    collection_name="split_parents", embedding_function=
OpenAIEmbeddings()
```

```
)
# 普通存储用于存储大块文档，这里使用内存作为普通存储
store = InMemoryStore()

# 基于向量存储和普通存储，构建 MultiVectorRetriever。同时指定多维内容输入
所统一使用的 ID 标识
retriever = MultiVectorRetriever(
    vectorstore=vectorstore,
    docstore=store,
    id_key="doc_id",
)
```

其次我们需要为每个文档生成唯一 ID 以关联不同的向量空间。这些 ID 将被用作向量的元数据绑定每个向量对应的文档。

```
import uuid

doc_ids = [str(uuid.uuid4()) for _ in docs]
```

然后我们可以基于不同维度向向量存储中添加文档向量。我们先添加基于文本片段的向量，这部分基本上就是复刻 ParentDocumentRetriever 中为大小块文档建立索引的过程。

（1）迭代每个文档，分割文档以获得子块。

（2）将每个子块存储在向量存储中，并且将关联文档的 doc_id 设置为元数据字段。

```
from langchain.text_splitter import RecursiveCharacterTextSplitter

child_text_splitter = RecursiveCharacterTextSplitter(chunk_size=400)

# 迭代每个文档，分割文档以获得子块
sub_docs = []
for i, doc in enumerate(docs):
```

```
_id = doc_ids[i]
_sub_docs = child_text_splitter.split_documents([doc])

# 将基础文档的 ID 作为元数据一并存入
for _doc in _sub_docs:
    _doc.metadata[id_key] = _id
sub_docs.extend(_sub_docs)
```

特别需要注意的是，由于 MultiVectorRetriever 更加灵活和可定制，文本分割和元数据绑定都需要我们手动来完成（而在 ParentDocumentRetriever 中，这个过程是在 Retriever 内部通过黑盒方式完成的）。此外，我们还需要手动将文档及其 ID 添加到文档库中，如下所示。

```
retriever.vectorstore.add_documents(sub_docs)
```

接下来，我们可以为每个文档创建摘要。通常，摘要可能能够更准确地捕获块的内容，从而实现更好的检索。

```
from langchain_core.prompts import ChatPromptTemplate
from langchain_core.documents import Document
from langchain_core.output_parsers import StrOutputParser
from langchain_openai import ChatOpenAI

# 通过 LCEL 构建一个文档总结链
chain = (
    {"doc": lambda x: x.page_content}
    # 这里只要求对文档内容进行简单总结，可以根据实际需求进行调整（如指定主题
或字数等）
    | ChatPromptTemplate.from_template("Summarize the following
document:\n\n{doc}")
    | ChatOpenAI(max_retries=0)
    | StrOutputParser()
)


# 使用 LCEL 的 batch 方法批量生成文档的总结内容
```

```
summaries = chain.batch(docs, {"max_concurrency": 5})
summary_docs = [
    # 注意需要将基础文档的 ID 作为元数据一并存入
    Document(page_content=s,metadata={id_key: doc_ids[i]})
    for i, s in enumerate(summaries)
]


# 最后，手动将摘要添加到向量存储
retriever.vectorstore.add_documents(summary_docs)
```

更进一步地，由于我们将文档的向量表达和用户问题的向量表达进行匹配，因此如果我们创建特定文档的一些假设的用户查询并将它们存储在向量存储中，就可能得到更好的结果。下面的官方示例展示了通过 OpenAI Functions 的能力来生成多个用户查询假象。

```
from langchain.output_parsers.openai_functions import
JsonKeyOutputFunctionsParser


# 构建 functions 函数，利用其参数生成用户查询假象
functions = [
    {
      "name": "hypothetical_questions",
      "description": "Generate hypothetical questions",
      "parameters": {
        "type": "object",
        "properties": {
          "questions": {
            "type": "array",
            "items": {
                "type": "string"
              },
          },
        },
```

```
        "required": ["questions"]
    }
  }
]
```

```python
# 通过 LCEL 构建问题生成链
chain = (
    {"doc": lambda x: x.page_content}
    # 这里只要求输出 3 个用户查询假象中的用户问题，可以根据实际需求进行调整
    | ChatPromptTemplate.from_template("Generate a list of 3
hypothetical questions that the below document could be used to
answer:\n\n{doc}")
    | ChatOpenAI(max_retries=0, model="gpt-4").bind(functions
=functions, function_call={"name": "hypothetical_questions"})
    | JsonKeyOutputFunctionsParser(key_name="questions")
) hypothetical_questions = chain.batch(docs, {"max_concurrency": 5})

question_docs = []
for i, question_list in enumerate(hypothetical_questions):
    question_docs.extend(
        # 注意需要将基础文档的 ID 作为元数据一并存入
        [Document(page_content=s,metadata={id_key: doc_ids[i]}) for
s in question_list]
    )

# 最后，手动将问题内容添加到向量存储
retriever.vectorstore.add_documents(question_docs)
```

这样，我们就在向量存储中准备好了多个文档向量用于多维度检索。对于这些向量，我们需要确保添加 doc_id 作为元数据。多向量检索器将处理其余部分，以从这些向量中检索初始文档。最后我们将文档内容本身存入文档存储完成索引的构建。

```
retriever.docstore.mset(zip(doc_ids, docs))
```

有了多向量的存储之后，我们就可以进行多维度检索了。这时由 MultiVectorRetriever 负责查询向量空间、解析元数据、回溯文档内容等整个流程，外部使用者只需要通过 get_relevant_documents 方法传入查询语句，就可以获得多向量检索和整合的结果。

```
docs = retriever.get_relevant_documents("some question")
```

需要特别指出的是，以上 3 个维度的检索源数据都是可选的，我们在实际使用过程中应该根据具体的用例来选择导入哪些内容，并且我们还可以为每个文档创建其他维度的向量数据源。下面我们来完整地浏览一下多维度回溯的核心索引和检索逻辑，如图 5-5 所示。

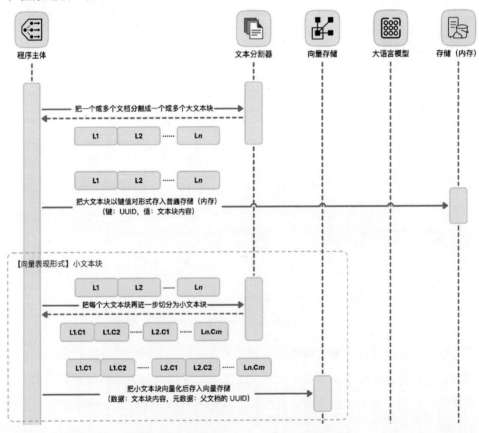

图 5-5　多维度回溯的核心索引和检索逻辑

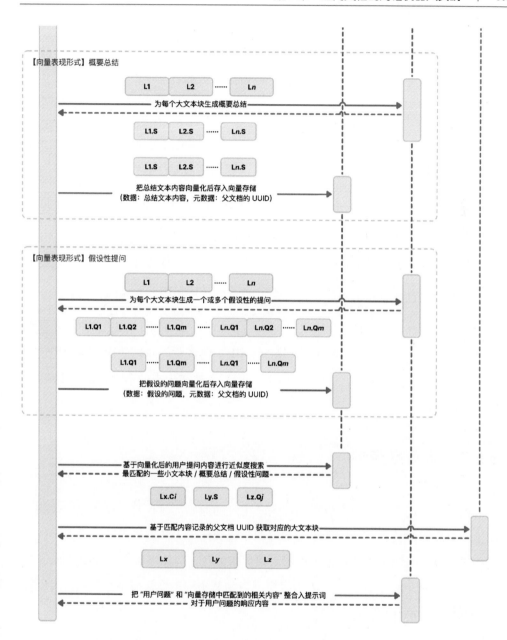

图 5-5　多维度回溯的核心索引和检索逻辑（续）

与单一文档向量的检索相比，多维度回溯检索算法具有以下特点。

（1）文档摘要向量可以更准确地表达文档核心语义。

（2）用户查询向量可以更贴近实际应用场景的语义匹配需求。

（3）多向量空间实现多角度匹配，提高检索质量。

（4）最终结果回溯到完整文档，保证输出的语义完整性。

通过这样的多维度设计，既发挥了细粒度向量的精准表达优势，又保证了结果的完整性。在实际使用 MultiVectorRetriever 时，我们还需要注意以下几点。

（1）根据场景需要，选择适当的多向量空间构建方法，例如尝试不同的 Embedding 模型。

（2）调整向量片段和摘要的粒度，控制向量空间的复杂度。

（3）根据查询特点，设计更贴合常见的文档总结和用户问题的提示词。

父文档回溯和多维度回溯基于"细粒度检索，粗粒度引用"的思路，实现了灵活而丰富的文档检索方案。它们很好地利用了向量空间建模的优势，又通过结果回溯解决了完整性问题。可以预见，这类检索算法在未来的语义检索与生成中，将发挥越来越大的作用。

5.5.7 多角度查询

最后，我们来到了整个查询的源头，用户的原始问题也是存在优化空间的。基于向量距离的检索可能因微小的询问词变化或向量无法准确表达语义而产生不同结果（这一问题可以通过人工提示词调优来解决，但比较麻烦），LangChain 提供了 MultiQueryRetriever 使用大语言模型自动从不同角度生成多个查询，实现提示词调优的自动化。

多角度查询的核心思路很简单：对用户查询生成表达其不同方面的多个新查询；对每个查询进行检索，取所有查询结果的并集。它的优点是通过生成查询的多角度视图，可以覆盖更全面的语义和信息需求，这样可以弥补单一查询的语义约束，获得更丰富的相关文档结果。该检索算法的核心流程如图 5-6 所示。

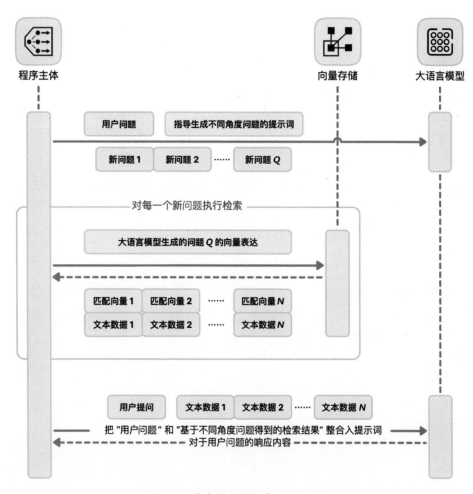

图 5-6　多角度查询检索的核心流程

　　MultiQueryRetriever 的关键创新在于利用大语言模型的生成能力，实现对用户查询的多维度拓展和丰富。这种多查询集成检索的思想，也可以扩展到查询改写、跨语言查询等其他场景。通过官方示例大家可以看到，MultiQueryRetriever 的使用很简单，也支持自定义提示词用于生成不同角度的查询。

```
from langchain_openai import ChatOpenAI
from langchain.retrievers.multi_query import MultiQueryRetriever

# 初始化 MultiQueryRetriever，直接使用默认的多角度查询提示词
retriever_from_llm = MultiQueryRetriever.from_llm(
```

```
    retriever=vectordb.as_retriever(), llm=ChatOpenAI(temperature=0)
)

from typing import List
from pydantic import BaseModel, Field

from langchain_core.output_parsers import PydanticOutputParser
from langchain_core.prompts import PromptTemplate
from langchain_openai import ChatOpenAI
from langchain.chains import LLMChain


# 首先构建一个自定义输出解析器用于解析大语言模型生成的不同角度的查询问题
class LineList(BaseModel):
    # 解析器输出的返回内容是{ "lines": ... }
    lines: List[str] = Field(description="Lines of text")

class LineListOutputParser(PydanticOutputParser):
    def __init__(self) -> None:
        super().__init__(pydantic_object=LineList)

    def parse(self, text: str) -> LineList:
        lines = text.strip().split("\n")
        return LineList(lines=lines)

# 初始化自定义提示词，用于指导生成不同角度的问题
QUERY_PROMPT = PromptTemplate(
    input_variables=["question"],
    template="""You are an AI language model assistant. Your task
is to generate five
    different versions of the given user question to retrieve
relevant documents from a vector
    database. By generating multiple perspectives on the user
```

```
question, your goal is to help
    the user overcome some of the limitations of the distance-
based similarity search.
    Provide these alternative questions separated by newlines.
    Original question: {question}""",
)


# 初始化多角度问题生成链
llm = ChatOpenAI(temperature=0)
llm_chain = LLMChain(llm=llm, prompt=QUERY_PROMPT, output_parser=
LineListOutputParser())


# 初始化 MultiQueryRetriever，使用自定义的多角度问题生成链
retriever = MultiQueryRetriever(
    retriever=vectordb.as_retriever(), llm_chain=llm_chain, parser_key=
"lines"
)
```

5.6　Indexing API 简介

Indexing API 是 LangChain 库中用于高效管理向量索引的重要组件。它可以帮助开发者避免向向量空间重复写入内容的问题，同时支持增量更新，节省计算资源。

Indexing API 的核心是记录管理器（RecordManager）。记录管理器会跟踪每次向向量空间的写入操作，包括写入的文档内容、文档哈希值、写入时间等详细的元数据。在写入文档时，Indexing API 会先计算每个文档的哈希值，然后与记录管理器进行对比，判断该文档是否有必要再次写入，从而跳过重复内容。同时，记录管理器保存了每个文档的源标识信息，这样在增量写入时，可以找到并清理所有源自同一文档的旧版本记录。

5.6.1 删除模式

在向向量存储写入文档时，有可能需要删除向量存储中已存在的某些文档。在某些情况下，我们可能希望删除所有与新文档来源相同的已存在文档。在另外一些情况下，我们可能希望删除所有已存在的文档。

Indexing API 提供了 3 种删除模式以满足不同的使用场景，如表 5-2 所示。

表 5-2　Indexing API 的删除模式

删除模式	去重内容	并行化	清理已删除的源文档	清理源文档的变种或派生文档	清理时机
无删除	√	√	×	×	（不清理）
增量删除	√	√	×	√	持续
完全删除	√	×	√	√	索引结束时

（1）无删除模式（None）：不进行自动删除操作，需要用户手动清理旧版本文档。

（2）增量删除模式（Incremental）：只删除与新版本索引共享同一源的旧版本文档，支持持续并发删除。

（3）完全删除模式（Full）：删除所有不在新版本索引中的文档，需要全集重建索引。

增量删除模式支持增量更新，只删除变更文档的旧版本，保留未变更文档，通常用于频繁变更的文档集。完全删除模式更适合全集重建索引的场景，它可以正确处理源文档被删除的情况，保证索引中的文档与输入文档集一致。删除模式的选择需要根据实际应用场景来决定。

（1）如果文档集较稳定，很少删除，则使用增量删除模式可以明显节省计算资源。

（2）如果需要频繁重建整个文档集，则更合适使用完全删除模式。

（3）如果所有文档静态不变，则可以使用无删除模式，手动定期清理。

5.6.2　使用场景和方式

Indexing API 的主要使用场景包括但不限于以下场景。

（1）避免重复写入：多次写入相同内容是重复劳动，Indexing API 可以通过记录管理器自动跳过。

（2）支持增量更新：当源文档发生变更时，Indexing API 只需要索引和更新有差异的部分，旧版本数据会被自动清理。

（3）清理旧版本文档：增量删除模式和完全删除模式都支持自动清理旧版本索引，减少维护工作。

（4）处理文档删除：在完全删除模式下，索引函数外的文档都会被清理，可以正确处理源文档删除的情况。

使用 Indexing API 的基本步骤如下。

（1）初始化记录管理器，需要设置唯一的命名空间。

（2）按文档集合索引到向量空间，设置合适的写入模式（增量删除或完全删除）。

（3）记录管理器会自动处理重复内容、增量更新等。

下面我们结合官方的示例分别为大家展示一下 Indexing API 三种不同删除模式的使用效果，代码中###标识的注释部分是索引函数执行的结果。

```
from langchain.indexes import SQLRecordManager, index
from langchain.schema import Document
from langchain_community.vectorstores import ElasticsearchStore
from langchain_openai import OpenAIEmbeddings

# 初始化向量存储并设置向量化模型
embedding = OpenAIEmbeddings()
```

```
vectorstore = ElasticsearchStore(
    es_url="http://localhost:9200",
    index_name="test_index",
    embedding=embedding
)
```

```
# 初始化记录管理器，使用合适的命名空间（建议使用同时包含向量存储和集合名的命
名空间）
# 比如 'redis/my_docs'、'chromadb/my_docs' 或 'postgres/my_docs'
namespace = f"elasticsearch/{collection_name}"
record_manager = SQLRecordManager(
    namespace, db_url="sqlite:///record_manager_cache.sql"
)
```

```
# 在使用记录管理器前，创建模式
record_manager.create_schema()
```

```
# 索引一些测试文档
doc1 = Document(page_content="kitty", metadata={"source":
"kitty.txt"})
doc2 = Document(page_content="doggy", metadata={"source":
"doggy.txt"})
```

```
# 索引空向量存储
def _clear():
    """利用完全删除模式的特性来清理文档：未传递给索引函数但存在于向量存储中的
任何文档都将被删除"""
    index([], record_manager, vectorstore, cleanup="full",
source_id_key="source")
```

首先是无删除模式，这个模式不自动清理内容，但可以对内容进行去重。

```
_clear()
```

```
index(
```

```
    [doc1, doc1, doc1, doc1, doc1],
    record_manager,
    vectorstore,
    cleanup=None,
    source_id_key="source",
)
### {'num_added': 1, 'num_updated': 0, 'num_skipped': 0,
'num_deleted': 0}


_clear()


index([doc1, doc2], record_manager, vectorstore, cleanup=None,
source_id_key="source")
### {'num_added': 2, 'num_updated': 0, 'num_skipped': 0,
'num_deleted': 0}


# 第二次完全跳过
index([doc1, doc2], record_manager, vectorstore, cleanup=None,
source_id_key="source")
### {'num_added': 0, 'num_updated': 0, 'num_skipped': 2,
'num_deleted': 0}
```

使用增量删除模式，只删除变更文档的旧版本，保留未变更文档。

```
_clear()


index(
    [doc1, doc2],
    record_manager,
    vectorstore,
    cleanup="incremental",
    source_id_key="source",
)
### {'num_added': 2, 'num_updated': 0, 'num_skipped': 0,
'num_deleted': 0}
```

```
# 再次索引会跳过两个文档，也跳过向量化操作
index(
    [doc1, doc2],
    record_manager,
    vectorstore,
    cleanup="incremental",
    source_id_key="source",
)
### {'num_added': 0, 'num_updated': 0, 'num_skipped': 2,
'num_deleted': 0}


# 如果增量索引时不提供文档，则不会有变化
index([], record_manager, vectorstore, cleanup="incremental",
source_id_key="source")
### {'num_added': 0, 'num_updated': 0, 'num_skipped': 0,
'num_deleted': 0}


# 变更文档会写入新版本并删除所有旧版本
changed_doc_2 = Document(page_content="puppy", metadata=
{"source": "doggy.txt"})

index(
    [changed_doc_2],
    record_manager,
    vectorstore,
    cleanup="incremental",
    source_id_key="source",
)
### {'num_added': 1, 'num_updated': 0, 'num_skipped': 0,
'num_deleted': 1}
```

在完全删除模式中，特别需要注意：未传递给索引函数但存在于向量存储中的任何文档都将被删除。这种行为适用于处理源文档的删除。

```
_clear()

all_docs = [doc1, doc2]

index(all_docs, record_manager, vectorstore, cleanup="full",
source_id_key="source")
### {'num_added': 2, 'num_updated': 0, 'num_skipped': 0,
'num_deleted': 0}

# 删除第一个文档
del all_docs[0]

index(all_docs, record_manager, vectorstore, cleanup="full",
source_id_key="source")
### {'num_added': 0, 'num_updated': 0, 'num_skipped': 1,
'num_deleted': 1}
```

　　另外值得注意的是，元数据中的 source 字段应该指向与给定文档关联的最终来源。例如，如果这些文档表示某个父文档的块，那么两个文档的 source 字段应该相同，并且引用父文档。在通常情况下应该指定 source 字段，只有在不打算使用增量删除模式，并且由于某些原因无法正确指定 source 字段时，才使用无删除模式。

　　Indexing API 为我们提供了自动化和高效的向量索引管理功能。使用 Indexing API 可以显著减少重复计算，同时支持增量更新与文档集的整体迁移。它将加速向量索引系统的构建，使我们更快地搭建语义搜索应用。

5.7　Chain 模块和 Memory 模块

　　在前文的场景示例中，我们看到了如何通过 LCEL 来构建文档对话机器人。LangChain 也提供了 Chain 模块及两种现成的 Off-the-Shelf 形式的 Chain 来帮助开发者实现这个场景。在本节中，我们就来具体地了解一下它们是如何助力快速应用开发的。

5.7.1 通过 Retrieval QA Chain 实现文档问答

首先是 RetrievalQA 类对应的 Retrieval QA Chain，它可以将检索得到的文档和问题一起输入问答模型，实现基于文档的问答。

首先，我们需要准备文档，文档可以是文本文件，使用文本分割器将文档分割为多个文档。

然后，使用向量模型提取每个文档的语义向量表示，并且存储在向量搜索引擎中，如 FAISS。

接着，构建 Retrieval QA Chain，传入文档向量存储作为检索器，同时配置文档处理链，比如 stuff、map_reduce、refine。

```
from langchain.chains import RetrievalQA

chain = RetrievalQA.from_chain_type(llm=model, chain_type="stuff",
retriever=retriever)
```

可以看到，与基于 LCEL 的自定义 Chain 相比，基于 RetrievalQA Chain 的实现方式相当简洁、快速，但内在运作又略显复杂难懂，这就是"自定义构建"和"使用现成的"两种方式的显著差异。好在殊途同归，重要的是理解两种方式各自的优劣势，结合具体场景灵活地使用。

最后，通过 chain.run 方法传入一个问题，Retrieval QA Chain 会先用向量存储基于相似度检索相关文档，再将文档和问题合并传递给文档处理链，生成最终的答案。这样，我们就通过从文档库中检索相关文档的方式，实现了基于多文档的问答。

5.7.2　通过 Conversational Retrieval QA Chain 实现会话文档问答

Conversational Retrieval QA Chain 在 Retrieval QA Chain 的基础上加入了 Memory 模块，以实现对话历史的跟踪，可以进行会话文档问答。

```python
from langchain_core.prompts import PromptTemplate

from langchain.chains import ConversationalRetrievalChain
from langchain.memory import ConversationBufferMemory

# 通过 Memory 模块构建对话历史记录
memory = ConversationBufferMemory(memory_key="chat_history",
return_messages=True)

# 最基础的 Conversational Retrieval QA Chain
qa = ConversationalRetrievalChain.from_llm(model, retriever, memory
=memory)

# 支持自定义生成问题的提示词模板
CUSTOM_QUESTION_PROMPT = PromptTemplate.from_template
(custom_template)
qa = ConversationalRetrievalChain.from_llm(model, retriever,
CUSTOM_QUESTION_PROMPT, memory=memory)
```

我们会在 5.9 节中看到以上代码对应的 LCEL 实现，但这里由于是黑盒实现，所以我们只能简要地描述一下 Memory 模块起到的作用。

（1）在问答时，将当前问题和历史对话合并生成完整的提示词内容，同时检索相关文档作为额外上下文。

（2）在对话结束后，需要更新 Memory 模块，以保存本轮对话内容。

这样，随着对话的进行，Conversational Retrieval QA Chain 可以利用对话历史，并且按需从文档中检索信息，实现会话式的文档问答。

综上可以看到，LangChain 通过 Retrieval QA Chain 和 Conversational Retrieval QA Chain 为我们提供了便捷的方式来构建基于文档的问答系统，使用这种 Off-the-Shelf 开箱即用的 Chain，我们能更加专注于业务需求和提示词的设计，但也需要承受黑盒的调试成本。

LangChain 中的 Memory 模块帮助我们跟踪用户与系统之间的对话历史，以产生连续且连贯的问答体验。最后，让我们一起看看 Memory 模块还有哪些值得关注的细节。

5.7.3　通过 Memory 模块为对话过程保驾护航

对话的一个重要组成部分是能够引用对话中先前介绍的信息。Memory 模块负责在用户与模型的交互过程中，捕获并存储所有对话内容。每当用户提出新问题时，Memory 模块可以先将该问题与之前的对话历史结合，形成完整的上下文信息，然后输入问答模型。这样，问答模型可以根据过往的语料更好地理解当前问题的意图和语义关联，从而给出连续、相关的回答，如图 5-7 所示。

LangChain 为我们提供了多种 Memory 模块的构建方式，主要如下。

（1）Buffer Memory：直接基于内存存储构建，简单高效但无法持久化。

（2）Summary Memory：利用大语言模型进行聊天历史的压缩总结。

（3）Knowledge Graph Memory：利用知识图谱梳理和总结实体信息。

（4）Vector Store Memory：将对话内容转换为向量表示后存入向量搜索引擎，支持相似度搜索。

我们可以根据实际需要，选择合适的构建方式。这里我们选择 Knowledge Graph Memory 给大家做一个演示，这种 Memory 模块比较适用于对话内容杂乱的场景，知识图谱有助于 Memory 模块抽取其中和问题相关的关键实体信息，从而提升问题回答的质量。

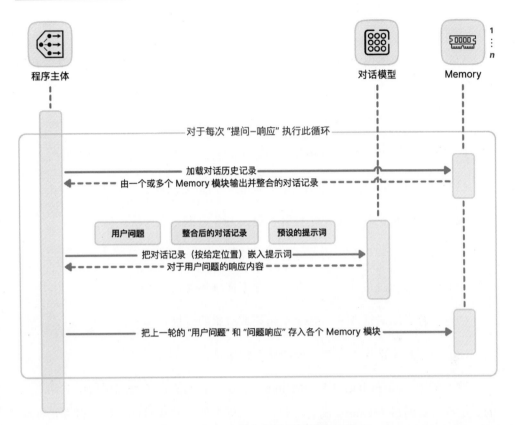

图 5-7 Memory 模块在对话场景中的使用

```
from langchain_community.llms.ollama import Ollama
from langchain.memory import ConversationKGMemory


llm = Ollama(model="llama2-chinese:13b")
memory = ConversationKGMemory(llm=llm)
memory.save_context({"input": "LangChain 是什么"}, {"output":
"LangChain 是一个大语言模型的应用开发框架，目前有 Python 和 JavaScript SDK"})
    memory.save_context({"input": "Ollama 又是什么"}, {"output":
"Ollama 是一个跨平台的运行大语言模型的工具软件，目前可以在 Linux 和 macOS 平台上
运行"})


memory.load_memory_variables({"input": "LangChain 是啥? "})


{'history': 'On LangChain: LangChain application development
```

```
framework for large language models.'}
```

Memory 模块不仅可以整段存储历史记录，还可以进行其他高级处理，示例如下。

（1）使用大语言模型对历史记录进行摘要和压缩，生成的摘要更加精练。

（2）基于向量相似度进行相关历史记录的检索，避免将所有历史原样传入。

（3）仅返回最近 N 轮的对话内容，防止对话历史记录过长。

（4）将短期记忆和长期记忆分开存储，避免近期记忆干扰。

（5）根据对话场景及阶段有选择地存储关键信息。

（6）将历史记录按话题分类存储，便于提取相关信息。

（7）进行自动对话取舍，删除不相关或敏感的信息。

（8）将用户反馈加入存储，以改善对话质量。

综上所述，LangChain 中的 Memory 模块为我们提供了跟踪和利用对话历史的关键手段。通过 Memory 模块，和大语言模型的互动式对话可以变得真正连续和富有上下文关联。这是构建高质量对话机器人的基石。我们也可以根据实际需要，选择合适的 Memory 模块处理方式及返回策略。

5.8 长上下文记忆系统的构建

随着大语言模型的不断发展，我们渴望它能完成更复杂的任务，比如和人进行更有趣、更深入的对话。为实现这一目标，大语言模型需要能记住过去的情景和对话内容。否则，大语言模型就无法建立起相关的语境来产生连贯的回答。

因此，构建长上下文记忆系统变得极为重要。它支持大语言模型记住过去的对话、个性特征，并且基于这些历史信息做出回应。这为交互式应用，如对话系统、虚拟助手，奠定了坚实的基础。目前的长上下文记忆系统主要可以分为会话记忆、语义记忆、生成式 Agent 三大类。

下面我们将大致介绍各种系统的特点、工作方式及有待进一步解决的问题。

5.8.1　会话记忆系统

会话记忆指的是记住最近的几轮对话内容。一般的做法如下。

（1）维护一个历史消息队列。

（2）每轮结束后，将最新的对话添加到历史消息队列中。

（3）将最近的 N 条消息逐条拼接成文本，作为大语言模型的提示词。

会话记忆系统的优点在于简单清晰，通过追踪对话历史，大语言模型能较好地理解上下文信息。

但当历史消息队列过长时，这种方法会出现问题。首先，消息序列可能会超过模型的上下文长度限制。其次，即便没有超过，过多无关消息也会分散大语言模型的注意力，降低回答的连贯性。解决方法是只保留最近的 N 条消息，但这又会导致无法记住久远的信息，我们所追求的长上下文记忆成为空谈。

5.8.2　语义记忆系统

语义记忆指的是从历史消息中检索出与当前问题最相关的句子。这一思路来源于 RAG 模型中对增强文档的查找。

实现方法通常是先为每条消息创建词的向量化表示，然后基于相似性排序。比如用户询问"我最喜欢的水果"，大语言模型可能会匹配到历史消息"我最爱蓝莓"。这两条消息的文本向量较为接近，于是检索算法会将相关历史消息提供给大语言模型作为额外上下文。

这种方法克服了会话记忆过于局限于最近的对话内容的缺点。通过向量空间的匹配，可以挖掘出跨轮次的相关信息。这确实拓展了记忆的时间跨度，为连贯性回答提供了可能。然而，基于相似性排序的语义记忆系统也存在自身的问题。

（1）相关信息如果分布在多条消息中，可能无法全部匹配、检索到。

（2）忽略了时间变化这个维度，用户的喜好、见解都可能随时间推移而改变。

（3）过于泛泛地定义记忆，不利于构建针对特定业务场景优化的记忆结构。

5.8.3　生成式 Agent 系统

生成式 Agent 系统运用了更加复杂的方法来构建长上下文记忆。生成式 Agent 具有 3 种策略[①]。

（1）近期优先：根据时间戳为近期消息赋予更高权重。

（2）相关性：通过相似性匹配获取相关历史消息。

（3）反思：利用大语言模型反思和总结历史消息，将反思结果作为记忆添加到系统中。

反思策略弥补了语义记忆无法处理相关信息分散在多条消息的情况的不足。通过反思和生成记忆，相关信息得到聚合和提炼。这也在一定程度上解决了时间跨度的问题。

尽管生成式 Agent 系统取得了很大进步，但相对泛用的记忆形式依然难以满足复杂业务场景的需求。构建针对特定业务场景优化的记忆结构仍有很大的研究价值。

5.8.4　长上下文记忆系统的构建要点

记忆系统是认知架构中的一个重要组成部分。在理想情况下，我们需要设计出符合业务特点的记忆形式，才能使应用系统的可靠性和性能得到提高。在实践

[①] Park, J. S., O'Brien, J. C., Cai, C. J., Ringel Morris, M., Liang, P., and Bernstein, M. S., Generative Agents: Interactive Simulacra of Human Behavior, arXiv e-prints, 2023. doi:10.48550/ arXiv. 2304.03442.4

中，构建长上下文记忆的核心设计主要在于明确 3 个问题。

（1）需要追踪哪些状态？

（2）这些状态如何更新？

（3）记忆数据如何融入提示词？

会话记忆、语义记忆和生成式 Agent 从不同角度回答了这 3 个问题。

会话记忆追踪最近的消息队列，通过追加新消息来更新状态，通过将消息插入提示词来使用记忆。

语义记忆追踪消息的向量表示，通过向量化新消息来更新状态，通过相似性匹配来将相关记忆插入提示词。

生成式 Agent 除了消息向量，还额外追踪最近消息列表和消息反思。它通过多种方式更新状态，并且基于复杂的规则来决定如何使用记忆。

这些方法有各自的优缺点。会话记忆简单但记忆跨度短，语义记忆扩展了记忆范围却忽略了时间变化，生成式 Agent 更复杂却更全面。

那么，如何构建出符合业务特点的长上下文记忆呢？一些值得尝试的方法如下。

（1）分析业务需求，明确应用最需要记住哪些状态。

（2）设计定制的状态更新逻辑，比如只在特定条件下触发更新。

（3）创造性地将状态融入提示词，如条件控制、占位符等。

例如，在构建游戏对话机器人时，我们需要追踪角色状态和任务状态，并且在特定时机更新它们。这些状态以占位符的形式融入提示词，来指导模型生成符合记忆的回复。

总之，理解业务特点，明确要记住和使用的状态，以及设计状态更新逻辑，这是构建有效长上下文记忆的关键。

5.9 LCEL 语法解析：RunnablePassthrough

在构建复杂的 Runnable Sequence 时，我们可能需要将很多信息从上游传递到下游。除了使用 RunnableMap 提取和处理数据，还有一个更简单的方法，就是使用 RunnablePassthrough。

RunnablePassthrough 允许我们直接将上游对象的原始输入数据透传到下游对象。它与 RunnableMap 有以下不同。

（1）RunnableMap 需要我们明确指定要提取的数据或处理逻辑，RunnablePassthrough 则直接原样透传所有输入数据。

（2）RunnableMap 可以生成新的输出数据，而 RunnablePassthrough 在一般情况下只负责传递已有的数据。

（3）当下游对象需要大量原始输入数据时，RunnablePassthrough 可以避免在 RunnableMap 中逐个列举要透传的数据。

基于它们的特性，通常我们把它们搭配在一起使用——RunnableMap 用于构建新的字典对象，该字典对象的其中一个键通过 RunnablePassthrough 来保存上游的原始输入。下面我们来看一个简单的示例。

```
from langchain_core.runnables import RunnablePassthrough


runnable = {
    "origin": RunnablePassthrough(),
    "modified": lambda x: x+1
}
runnable.invoke(1) # {'origin': 1, 'modified': 2}
```

特别需要注意的是，RunnablePassthrough 透传的是上游对象的原始输入，不是调用链的原始输入。下面我们来看一个官方示例。

```
def fake_llm(prompt: str) -> str:
    return "completion"
```

```
chain = RunnableLambda(fake_llm) | {
    'original': RunnablePassthrough(),  # 注意这里透传的是 fake_llm 的
输出
    'parsed': lambda text: text[::-1]
}
```

```
chain.invoke('hello')  # {'original': 'completion', 'parsed':
'noitelpmoc'}
```

介绍到这里，大家是否觉得 RunnablePassthrough 透传的粒度太粗，RunnableMap 一个个匹配键值对的粒度太细？有没有中间选择呢？其实是有的，我们可以使用 RunnablePassthrough 提供的 assign 方法在透传上游数据的同时添加一些新的数据，前提是上游数据是字典类型的。下面我们通过一个官方示例来学习。

```
from langchain_core.runnables import RunnablePassthrough

 def fake_llm(prompt: str) -> str:
    return "completion"

runnable = {
    'llm1': fake_llm,
    'llm2': fake_llm,
}
| RunnablePassthrough.assign(
    # 通过 assign 方法给上游输出添加一个函数，它的执行结果会通过 total_chars
键返回
    total_chars=lambda inputs: len(inputs['llm1'] + inputs ['llm2'])
  )
```

```
runnable.invoke('hello')  # {'llm1': 'completion', 'llm2':
'completion', 'total_chars': 20}
```

综合而言，RunnablePassthrough 和 RunnableMap 分别提供了粗粒度和细粒度

的数据传递和处理能力，两相结合，相辅相成。大家可以灵活利用两者将各种 Runnable 对象连接起来，完成复杂的语言处理流程。

5.10　Runnable Sequence 的数据连接：Retriever 对象

Runnable Sequence 提供了将多个 Runnable 对象组合成链式流程的能力。而要实现真正强大的语言处理，我们还需要与外部世界联通。这里，Retriever 对象就发挥着重要作用。

Retriever 对象允许在 Runnable Sequence 中访问外部知识来源。最典型的例子是检索文档或知识库，获取相关信息来丰富语言处理流程。

我们可以将 Retriever 对象看作一个可调用的 Runnable 对象。它接收查询语句作为输入，将相关文档作为输出。然后可以通过 Runnable Map 将检索结果注入提示词模板等下游组件。通过这种方式，Runnable Sequence 就获得了接入外部知识的"外链"。我们可以查询各种文档库，获取相关文本、图像、音频等数据，植入流程的不同阶段，来丰富模型的上下文理解。

更进一步，我们可以调用多个 Retriever 对象，查询不同来源。并通过 LCEL 或类似工具函数将它们的结果聚合、过滤、排序，生成一个统一的结果注入流程。我们来看一个通过 Retriever 对象检索多数据源的官方示例（这里用到的 Multi Retrieval QA Chain 也可以通过 LCEL 实现）。

```
# 通过（同类或异类）向量存储来获取不同的数据，并且生成对应的检索器
sou_docs = TextLoader('../../state_of_the_union.txt').load_and_split()
sou_retriever = FAISS.from_documents(sou_docs,
OpenAIEmbeddings()).as_retriever()


pg_docs = TextLoader('../../paul_graham_essay.txt'). load_and_split()
pg_retriever = FAISS.from_documents(pg_docs, OpenAIEmbeddings()).
as_retriever()
```

```
personal_texts = [
    "I love apple pie",
    "My favorite color is fuchsia",
    "My dream is to become a professional dancer",
    "I broke my arm when I was 12",
    "My parents are from Peru",
]
personal_retriever = FAISS.from_texts(personal_texts,
OpenAIEmbeddings()). as_retriever()

# 通过特定的工具链（或者 LCEL 链）让数据源可以被动态选择并使用
retriever_infos = [
    {
        "name": "state of the union",
        "description": "Good for answering questions about the 2023
State of the Union address",
        "retriever": sou_retriever
    },
    {
        "name": "pg essay",
        "description": "Good for answering questions about Paul
Graham's essay on his career",
        "retriever": pg_retriever
    },
    {
        "name": "personal",
        "description": "Good for answering questions about me",
        "retriever": personal_retriever
    }
]
chain = MultiRetrievalQAChain.from_retrievers(OpenAI(),
retriever_infos, verbose=True)
```

```
# 以下 3 类问题分别落入不同的推理响应链路
```

chain.run("What did the govenment say about the economy?")#落入 sou_retriever 检索链路

chain.run("What is something Paul Graham regrets about his work?") #落入 pg_retriever 检索链路

chain.run("What year was the Internet created in?")#落入默认的直接问答链路

我们还可以实现"写后读"模式，在一个 Runnable Sequence 中，先通过模型生成文本，然后将其转换为查询语句，经过 Retriever 对象后再注入流程，来进行纠错或扩展。这种模式通常还会配合 Memory 模块来使用，下面我们结合一个官方示例来一览其核心流程。

```
# 加载 Memory 模块中的数据，即对话历史记录
loaded_memory = RunnablePassthrough.assign(
    chat_history=RunnableLambda(memory.load_memory_variables) |
itemgetter("history"),
)


# 构建"重写"链：基于对话历史记录来重写/优化用户的问题（减少对原始问题的误解）
_template = """Given the following conversation and a follow up
question, rephrase the follow up question to be a standalone question,
in its original language.

Chat History:
{chat_history}
Follow Up Input: {question}
Standalone question:"""
standalone_question = {
    "standalone_question": {
        "question": lambda x: x["question"],
        "chat_history": lambda x: _format_chat_history(x
["chat_history"]),
    }
    | PromptTemplate.from_template(_template)
```

```
    | ChatOllama(model="llama2-chinese:13b")
    | StrOutputParser(),
}

# 构建"检索"链：通常基于 Retriever 对象来构建
retrieved_documents = {
    "docs": itemgetter("standalone_question") | retriever,
    "question": lambda x: x["standalone_question"],
}

# 构建"应答"链：把原始用户问题和检索得到的（参考）上下文填充入应答提示词
final_inputs = {
    "context": lambda x: _combine_documents(x["docs"]),
    "question": itemgetter("question"),
}
answer_question = {
    "answer": final_inputs | ANSWER_PROMPT | ChatOllama(model=
"llama2-chinese:13b"),
    "docs": itemgetter("docs"),
}

# 最后形成一个完整的调用链：加载内存→"重写"链→"检索"链→"应答"链
final_chain = loaded_memory | standalone_question | retrieved_
documents | answer_question
```

可以看到，Retriever 对象为 Runnable Sequence 提供了强大的外部访问能力。我们可以将它视为 Runnable Sequence 的"外链"，将模型锁闭的世界与开放的知识空间联通，获取外部信息，注入流程，实现更智能的语言处理。

第 6 章

自然语言交流的搜索引擎实战

传统的搜索引擎直接返回用户查询的匹配结果，这种交互方式简单直接。但随着 AI 技术的进步，如果搜索引擎可以使用自然语言与用户进行深度对话，则将极大地增强用户体验，提供更智能、更人性化的服务。

要实现搜索引擎的自然语言交互，首先需要理解用户的查询意图。如果直接返回匹配结果，则用户需要多轮反馈才能得到满意的答案。而自然语言搜索引擎可以像人类一样，分析查询背后的真正需求。例如，用户查询"去新加坡旅游需要准备什么"，传统搜索引擎会直接返回新加坡旅游攻略，但自然语言搜索引擎可以分析并回复用户准备出游前需要准备护照及药品、查阅天气等通用性建议，并且询问用户出行的人数、天数，给出个性化建议。为实现这样非常接近人与人之间的对话交互，搜索引擎需要具备强大的自然语言理解与生成能力，从而能模拟人类的对话逻辑。

LangChain 提供了实现这一场景的完整工具集。首先，需要大规模预训练大语言模型，才能赋予搜索引擎对话能力。其次，应用中需要具备有对话能力的 Agent，模拟人类的对话管理与推理。然后，需要检索模型，从海量信息中得到相关佐证内容。最后，需要利用提示词及示例示范期望的对话风格。

同时，Agent 可以将外部工具集成到对话流程中，极大地扩展了大语言模型的应用边界。例如，我们可以先将网络搜索 API 封装为一个工具，然后在 Agent 中调用此工具，以获得网络检索能力。当用户提出问题时，Agent 可以先判断自己能否回答，如果不能，则调用此工具从外部获取信息。

此外，在 Agent 中还可以集成多种工具，形成工具包。它可以根据对话情况主动选择不同的工具组合，例如，既集成了搜索工具，又集成了天气查询 API。当用户询问旅游需要准备什么物品时，Agent 会先使用搜索工具获取通用信息，然后考虑到出行需要查询天气，主动调用天气查询 API 提供天气信息。

未来可以将更多外部服务以工具的形式集成到 Agent 中。开发者也可以发布自己的工具供其他开发者使用，形成丰富的生态。基于这样高度可扩展的架构，基于 LangChain 构建的智能对话系统的能力将不断增强，并且具备持续学习和优化的可能。

6.1 场景代码示例

下面我们展示一个通过 LCEL 来构建 Agent 的示例，它支持自然语言的问答，同时在问答的过程中可以自主使用搜索引擎和计算器来完成用户的任务。

```python
from langchain_openai import OpenAI
from langchain.agents import load_tools
from langchain.agents import AgentExecutor
from langchain.agents.output_parsers import
ReActSingleInputOutputParser
from langchain.agents.format_scratchpad import format_log_to_str
from langchain.tools.render import render_text_description
from langchain import hub

# 通过 python-dotenv 加载环境变量
from dotenv import load_dotenv
load_dotenv()

# 准备大语言模型：这里需要使用 OpenAI()，可以方便地按需停止推理
llm = OpenAI()
llm_with_stop = llm.bind(stop=["\nObservation"])

# 准备工具：这里用到 DuckDuckGo 搜索引擎和一个基于 LLM 的计算器
tools = load_tools(["ddg-search", "llm-math"], llm=llm)

# 准备核心提示词：这里从 LangChain Hub 加载了 ReAct 模式的提示词，并且填充工具的文本描述
prompt = hub.pull("hwchase17/react")
prompt = prompt.partial(
    tools=render_text_description(tools),
    tool_names=", ".join([t.name for t in tools]),
)
```

```
# 构建 Agent 工作链：这里最重要的是，把中间步骤的结构保存到提示词的
agent_scratchpad 中
agent = (
    {
        "input": lambda x: x["input"],
        "agent_scratchpad": lambda x: format_log_to_str(x
["intermediate_steps"]),
    }
    | prompt
    | llm_with_stop
    | ReActSingleInputOutputParser()
)


# 构建 Agent 执行器：执行器负责执行 Agent 工作链，直至得到最终答案（的标识）并
输出回答
agent_executor = AgentExecutor(agent=agent, tools=tools, verbose=
True)
agent_executor.invoke({"input": "今天上海和北京的气温相差几摄氏度？"})
```

{'input': '今天上海和北京的气温相差几摄氏度？', 'output': '今天上海和北京的气温相差 5 摄氏度。'}

6.2　场景代码解析

由于代码设计的内容细节非常多，让我们来逐段解析下这段代码。

首先导入需要的库。

（1）OpenAI()用来提供推理服务（这里推荐直接使用 OpenAI 的模型，例如默认的 gpt-3.5-turbo）。

（2）load_tools 用来加载需要的工具，这里是搜索引擎和计算器（搜索引擎使用的 DuckDuckGo 不需要 API Key）。

（3）AgentExecutor 是 Agent 执行器构建类。

（4）ReActSingleInputOutputParser 是用来解析模型输出的解析器，定向解析 ReAct 执行模式的输出。

（5）format_log_to_str 用来格式化 Agent 的中间步骤日志。

（6）render_text_description 用来渲染工具的文本描述，会提供一个固定描述格式。

然后准备大语言模型和工具套件。

（1）初始化 OpenAI 的 LLM 模型，并且加上停止标记"\nObservation"（这个非常重要，是 ReAct 循环执行的关键之一）。

（2）加载搜索引擎和计算器，从 LangChain Hub 加载 ReAct 模式的提示词。

（3）使用 render_text_description 渲染工具的文本描述，集成到提示词中。

接着，构建 Agent 工作链。

（1）透传输入的问题，并且准备 agent_scratchpad 来保存中间步骤的执行日志。

（2）编排提示词、LLM 模型和 ReAct 解析器串联执行。

最后构建 Agent 执行器，负责驱动 Agent 直到得到最终结果。

所以整体来说，这段代码通过 LangChain 构建了一个端到端的 ReAct Agent 流程，完成从提示词设计、工具集成到执行和解析的全过程。

6.3 Agent 简介

Agent 可以看作是在 Chain 的基础上，进一步整合 Tool 的高级模块。它通过无缝链接工具与模型，使大语言模型可以利用工具的本地及云计算能力。

6.3.1　Agent 和 Chain 的区别

与 Chain 相比，Agent 具有两个核心的新增能力：思考链和工具箱。

Chain 可以将多个模块组合串联，实现流程化的问答或决策。但是 Chain 是被动执行模式，不具备主动规划与调度的能力。而 Agent 内置了思考链（Chain of Thought）的能力。它可以像人类一样，主动规划多步策略来解决复杂问题，而不仅是被动响应。

思考链为 Agent 提供了重要的认知优势。

（1）可以长远思考，制订完整的行动计划，而不仅仅短视近利。

（2）能根据环境变化更新计划，使决策更加健壮。

（3）方便追踪和解释整个决策过程。

总之，思考链释放了大语言模型的规划与调度潜能，是 Agent 的关键创新。此外，与 Chain 直接调用模块相比，Agent 拥有一个工具箱，可以集成各类外部工具。这些工具为 Agent 提供了 Chain 无法实现的功能，例如以下功能。

（1）Web API 调用：搜索、天气等网络服务。

（2）本地计算：数学运算、数据处理等。

（3）知识库查询：词典、百科等结构化知识。

Agent 定义了工具的标准接口，以实现无缝集成。它只关心工具的输入和输出，内部实现对 Agent 透明。工具箱大大扩展了 Agent 的外部知识来源，使其离真正的通用智能更近一步。

综合来看，与 Chain 相比，Agent 通过思考链和工具箱获得了重要的认知优势：思考链提供主动规划和调度，工具箱连接外部世界。这使 Agent 可以更自主、智能地处理复杂任务，而不仅是被动响应。

Agent 是向通用 AI 迈出的重要一步，下面让我们进一步了解思考链和工具箱。

6.3.2 Agent 的思考链

1. ReAct 思考链模式解析

ReAct（Reason-Act）[①]是一种将推理和行动相结合的思考链模式，用于解决不同的语言推理和决策任务。ReAct 提示大语言模型以交错的方式产生与任务相关的语言推理轨迹和行动，这使大语言模型能够进行动态推理，以创建、维护和调整行动的高级计划（推理指引行动），同时与外部环境互动，将额外信息纳入推理（行动指引推理）。ReAct 可以帮助解决思考链推理中普遍存在的"幻觉"和"错误传播"问题，并且有助于产生可解释的决策轨迹。ReAct 是在大语言模型中协同推理和行动的简单而有效的方法，可以用于解决多跳问答、事实核查和交互式决策任务。ReAct 的主要运行机制是，使用大语言模型同时生成推理和行动，两者交替出现，相互支持。推理帮助 Agent 制订、跟踪和更新行动计划。行动让 Agent 与环境上下文交互，获取更多信息支持推理。ReAct Agent 的基本组件如图 6-1 所示。

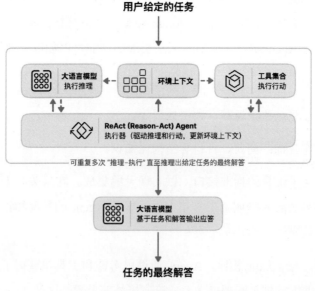

图 6-1　ReAct Agent 的基本组件

---

① Yao, S., ReAct: Synergizing Reasoning and Acting in Language Models, arXiv e-prints, 2022. doi:10.48550/arXiv.2210.03629.

开发者可以检测并编辑 Agent 的推理链的具体实现，调整其行为。构建一个 ReAct Agent 通常需要以下内容。

（1）大语言模型：生成推理和行动。

（2）行动空间：ReAct Agent 可以执行的行动集合（通常为一系列工具）。

（3）环境上下文：提供状态观察和行动反馈。

整体流程大致如下。

（1）用户给出任务。

（2）ReAct Agent 生成推理，更新环境上下文。

（3）ReAct Agent 决定行动，使用工具执行行动，改变环境上下文。

（4）环境上下文返回新状态，支持下一轮推理。

（5）循环执行（2）～（4），直至任务完成。

实现 ReAct Agent 时，我们可以使用以下提示词结构。

前缀：引入的工具的描述
格式：定义 ReAct Agent 的输出格式

问题：用户输入的问题
思考：ReAct Agent 推理如何行动
行动：需要使用的工具
行动输入：工具所需输入
观察：行动执行后得到的结果
（按需重复“思考-行动-观察”流程）

终点推理：产生最终结论
最后回答：问题的答案

目前，在 ReAct Agent 中默认使用如下的提示词。

Answer the following questions as best you can. You have access

```
to the following tools:

{tools}

Use the following format:

Question: the input question you must answer
Thought: you should always think about what to do
Action: the action to take, should be one of [{tool_names}]
Action Input: the input to the action
Observation: the result of the action
... (this Thought/Action/Action Input/Observation can repeat N times)
Thought: I now know the final answer
Final Answer: the final answer to the original input question

Begin!

Question: {input}
Thought:{agent_scratchpad}
```

ReAct Agent 将推理和行动有机结合，使 Agent 像人类一样思考和行动。可以看到，与只使用推理或行动的 Chain 相比，ReAct Agent 具有以下优势。

（1）推理引导行动，使行动更有方向。

（2）行动为推理提供外部信息。

（3）产生可解释的思考过程。

我们在场景示例中已经看到了使用 LCEL 来构建 Agent 的方式，这里也看一下 Off-the-Shelf 的黑盒构建方式。

```
from langchain.agents import initialize_agent

# 其中的 tools、llm 与场景示例中使用的对象完全相同
agent_executor = initialize_agent(
```

```
    tools, llm, agent=AgentType.ZERO_SHOT_REACT_DESCRIPTION, verbose=
True
    )
    agent_executor.invoke({"input": "..."})
```

2. Plan and Execute 思考链模式解析

ReAct 强调交替地推理和行动，依次生成推理链和行动链，两者相互支持。而 Plan and Execute[①]更注重主动的规划，先制订完整的行动计划，再执行计划。它的核心创新在于引入 Planner 模块，可以针对给定任务自主规划行动方案。Plan and Execute Agent 的基本组件如图 6-2 所示。

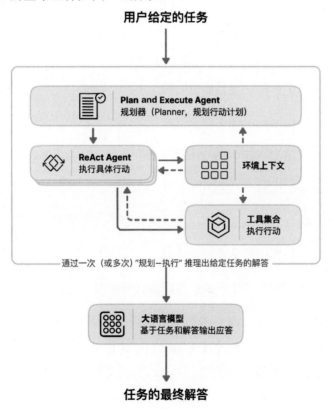

图 6-2　Plan and Execute Agent 的基本组件

---

① Wang, L., Plan-and-Solve Prompting: Improving Zero-Shot Chain-of-Thought Reasoning by Large Language Models, arXiv e-prints, 2023. doi:10.48550/arXiv.2305.04091.

如图 6-2 所示，Plan and Execute Agent 的整体流程如下。

（1）用户给出任务描述。

（2）Planner 模块理解任务，规划行动计划。

（3）Agent 根据计划逐步执行行动并更新环境上下文。

（4）环境返回最新状态，支持 Planner 模块更新计划。

（5）循环（2）～（4），直至完成任务。

其中，Planner 模块发挥大语言模型的规划能力，可以针对复杂任务自主制订行动计划。与 ReAct 相比，Plan and Execute 具有以下特点。

（1）强调主动规划，而非被动地生成推理链。

（2）计划独立于执行，两者职责明确。

（3）计划可以根据环境变化动态更新。

（4）执行可重用相同的计划，拓展泛化能力。

但是，Plan and Execute 也存在一定的局限性。

（1）规划与执行之间缺乏交互，生成的计划不一定可行。

（2）执行时无法利用新信息调整计划。

（3）规划模块本身存在错误或执行困难任务时具有脆弱性。

ReAct 与 Plan and Execute 两类思考链模式各有侧重。ReAct 强调自然的推理和行动生成。Plan and Execute 专注主动规划和执行分离。两者都利用大语言模型的调控规划能力，在不同方面促进了 Agent 的智能行为。未来，可以考虑融合两者的优点，实现既可以主动规划，又可以利用环境信息调整计划的 Agent。例如，可以在 Plan and Execute 中加入环境观察模块，支持 Planner 模块利用新信息更新计划，或者在 ReAct 中加入独立的 Planner 模块，由其统筹 Agent 的推理和行动，这可能会产生既能主动规划，又能灵活调整的 Agent，使 Agent 在面对复杂环境时表现更佳。

目前，Plan and Execute Agent 在 LangChain 中还属于实验性功能，因此我们暂时不提供示例代码。

总之，ReAct 和 Plan and Execute 在不同方面拓展了 Agent 的规划与执行能力。两者各有侧重，但也存在互补的空间。未来，可以在两者的基础上，探索融合提升的方向，这将有助于构建既能主动规划，又能根据环境做出调整的智能Agent，使通用人工智能的目标更进一步。

6.4　Agent 的工具箱

工具箱是 Agent 的重要组成部分，它为 Agent 提供了连接和使用外部工具的能力，极大扩展了其应用场景。

工具可以是本地的功能模块，也可以是调用外部系统的接口。本地工具可以提供数学运算、数据处理等功能。调用外部系统的工具则可以提供连接知识库、云服务等功能。这些工具暴露统一的接口，使其可以无缝集成到 Agent 中。Agent只需要关注工具的输入和输出，不需要了解其内部实现细节。这使 Agent 可以非常方便地使用各种异构工具，正如我们在场景示例中看到的，通过一个本地工具llm-math 提供计算功能，通过一个外部工具 ddg-search（DuckDuckGo）调用搜索引擎 API 提供查询功能，它们组合在一起完成了用户问题的应答。

将工具封装为标准接口有以下好处。

（1）Agent 可以无缝地使用各种不同的工具，提升了可扩展性。

（2）工具与 Agent 松耦合，易于替换和升级。

（3）Agent 使用工具像调用函数一样简单，提升了易用性。

（4）明确输入和输出的格式，便于调试和测试。

（5）工具内部实现对 Agent 透明，只要保证输入和输出正确即可。

工具箱提供了统一的接口规范，允许用户自定义工具。一个自定义工具只需要实现以下方法即可与 Agent 集成。

（1）name：返回工具名称。

（2）description：返回工具文字描述。

（3）call：输入和输出字符串接口。

工具之间也可以相互调用，组成工具链，以实现更复杂的功能。Agent 可以通过组合不同的工具，完成逻辑推理等复杂任务。同时，工具箱还提供了一些预定义的工具集（Toolkit），封装了某一类任务常用的工具。使用工具集可以更方便地构建特定类型的 Agent。下面我们通过一个示例来展示如何通过 PlayWright 浏览器工具集来执行用户任务。

```python
from langchain_openai import ChatOpenAI
from langchain_community.agent_toolkits import
PlayWrightBrowserToolkit
from langchain_community.tools.playwright.utils import create_
async_playwright_browser
from langchain import hub
from langchain.agents import AgentExecutor
from langchain.agents.format_scratchpad import format_log_to_str
from langchain.agents.output_parsers import
JSONAgentOutputParser
from langchain.tools.render import render_text_description_
and_args

# 避免 Jupyter Notebook 产生 EventLoop 问题
import nest_asyncio
nest_asyncio.apply()

# 通过 python-dotenv 加载环境变量
from dotenv import load_dotenv
load_dotenv()
```

```python
# 准备大语言模型：这里需要使用 OpenAI，可以方便地按需停止推理
llm = ChatOpenAI()
llm_with_stop = llm.bind(stop=["\nObservation"])


# 准备 PlayWright 浏览器工具集
async_browser = create_async_playwright_browser()
browser_toolkit = PlayWrightBrowserToolkit.from_browser(async_browser
=async_browser)
tools = browser_toolkit.get_tools()


# 准备核心提示词：这里从 LangChain Hub 加载了 ReAct 多参数输入模式的提示词，
并且填充工具的文本描述
prompt = hub.pull("hwchase17/react-multi-input-json")
prompt = prompt.partial(
    tools=render_text_description_and_args(tools),
    tool_names=", ".join([t.name for t in tools]),
)


# 构建 Agent 的工作链：这里最重要的是，把中间步骤的结构保存到提示词的
agent_scratchpad 中
agent = (
    {
        "input": lambda x: x["input"],
        "agent_scratchpad": lambda x: format_log_to_str(x
["intermediate_steps"]),
    }
    | prompt
    | llm_with_stop
    | JSONAgentOutputParser()
)
agent_executor = AgentExecutor(agent=agent, tools=tools, verbose=
True)
```

```
# 因为使用了异步浏览器页面抓取工具，这里对应地使用异步的方式执行 Agent
await agent_executor.ainvoke({"input": "请访问这个网页并总结上面的内
容: blog.langchain.dev"})
```

```
{'input': '请访问这个网页并总结上面的内容: blog.langchain.dev',
 'output': 'The webpage contains various content, including blog
posts, release notes, case studies, and important links related to
language models and data extraction.'}
```

总之，工具箱为 Agent 提供了连接外部世界的窗口，使其可以利用外部知识和计算资源。工具箱提高了 Agent 的灵活性、可扩展性与易用性。

6.5 面向 OpenAI 的 Agent 实现

OpenAI 是 LangChain 的优秀合作伙伴，它不仅提供推理能力，随着 GPT-3.5、GTP-4 1106 版本的推出，OpenAI 在其函数调用方面也迈出了重要的一步——它可以检测何时应调用一个或多个函数，并且使用应传递给函数的参数响应。

在 API 调用中，用户可以描述函数，让模型智能地输出包含参数的 JSON 对象，以调用这些函数。OpenAI 的目标是，使其工具 API 能够比单纯使用通用文本补全或对话 API 更可靠地返回有效、有用的函数调用。

OpenAI 目前将调用单个函数的能力称为 functions，将调用一个或多个函数的能力称为 tools。在 OpenAI 当前的 Chat API 中，functions 被视为不推荐的选项，tools 已经成为推荐的参数。

因此，如果在 LangChain 中使用 OpenAI 模型创建 Agent，目前推荐使用 OpenAI Tools Agent，而不是 OpenAI Functions Agent。两者的使用过程基本一致，LangChain 会把自己的 Tool 组件封装成 OpenAI 可用的 Function 或 Tool，但请特别注意使用 OpenAI 最新的 tools 参数，它允许模型在适当时同时请求调用多个函数（而不是 functions 时期的单一函数），在某些情况下，这样可以显著地减少 Agent 的执行时间。

从使用的角度来看，Agent 目前的整体封装程度比较高，所以仍然通过少量代码即可完成一个 OpenAI Tools Agent 的构建。

```
# pip install --upgrade --quiet  langchain-openai tavily-python

from langchain_openai import ChatOpenAI
from langchain_community.tools.tavily_search import
TavilySearchResults
from langchain.agents import AgentExecutor,
create_openai_tools_agent
from langchain import hub

# 导入工具：社区提供的 Tavily Search 工具
tools = [TavilySearchResults(max_results=1)]

# 导入提示词：使用 LangChain Hub 中的提示器（这里使用的基本是一个空白提示词）
prompt = hub.pull("hwchase17/openai-tools-agent")

# 选择模型：注意需要是 1106 之后的版本
llm = ChatOpenAI(model="gpt-3.5-turbo-1106", temperature=0)

# 构建 Agent：这里通过 LCEL 工具函数来提供 Agent 的核心逻辑
agent = create_openai_tools_agent(llm, tools, prompt)

# 最好通过 AgentExecutor 来整合 Agent 和工具集合
agent_executor = AgentExecutor(agent=agent, tools=tools, verbose=
True)

agent_executor.invoke({"input": "what is LangChain?"})
```

让我们一起来看一下构建 OpenAI Tools Agent 的整个过程。

（1）使用 LangChain 构建 OpenAI Agent 的第一步是初始化工具。对于示例中的 Agent，我们赋予它使用 Tavily 在网上搜索的能力。TavilySearchResults 是一个

LangChain 内置的工具，它利用 Tavily API 进行搜索并返回结果。设置 max_results=1 表示只返回一个结果。

（2）选择驱动 Agent 的大语言模型。不是所有大语言模型都支持 tools，所以这里我们选择了 gpt-3.5-turbo-1106，将 temperature 设置为 0，可以产生更确定的输出。

（3）利用大语言模型和 tools 实例化一个 OpenAI Tools Agent。prompt 是 Agent 的启动提示，可以根据需要进行修改。

（4）运行 Agent。AgentExecutor 负责调用 agent 和 tools 对象，将 verbose 设置为 True，可以打印执行过程。我们传递一个带有问题的输入，Agent 就会使用 TavilySearchResults 工具查询并返回结果。

LangChain 对编排 Agent 的工作流提供了简洁的抽象。与直接调用 API 相比，它减少了样板代码，使 Agent 的逻辑更简单。特别需要指出的是，从 LangChain 0.1 开始，LCEL 调用链将会逐步替代各种早期提供的 Chain 和 Agent，所以在这里，我们也可以看到 create_openai_tools_agent 这样的工具函数，它会创建一个 LCEL 调用链，并且大家可以直接从官方代码仓库查看其实现，从而定制自己的 LCEL 调用链或进行参考学习，以下是它的代码实现。

```python
from typing import Sequence

from langchain_community.tools.convert_to_openai import
format_tool_to_openai_tool
from langchain_core.language_models import BaseLanguageModel
from langchain_core.prompts.chat import ChatPromptTemplate
from langchain_core.runnables import Runnable,
RunnablePassthrough
from langchain_core.tools import BaseTool

from langchain.agents.format_scratchpad.openai_tools import (
    format_to_openai_tool_messages,
)
```

```
from    langchain.agents.output_parsers.openai_tools    import
OpenAIToolsAgentOutputParser


[docs]def create_openai_tools_agent(
    llm: BaseLanguageModel, tools: Sequence[BaseTool], prompt:
ChatPromptTemplate
) -> Runnable:
    """Create an agent that uses OpenAI tools.

    Args:
        llm: LLM to use as the agent.
        tools: Tools this agent has access to.
        prompt: The  prompt  to  use,  must  have  input  key
'agent_scratchpad', which will
            contain agent action and tool output messages.

    Returns:
        A  Runnable  sequence  representing  an  agent.  It  takes  as
input all the same input
        variables as the prompt passed in does. It returns as output
either an
        AgentAction or AgentFinish.

    Example:

        .. code-block:: python

            from langchain import hub
            from langchain_community.chat_models import ChatOpenAI
            from langchain.agents import AgentExecutor,
create_openai_tools_agent

            prompt = hub.pull("hwchase17/openai-tools-agent")
```

```python
model = ChatOpenAI()
tools = ...

agent = create_openai_tools_agent(model, tools, prompt)
agent_executor = AgentExecutor(agent=agent, tools=tools)

agent_executor.invoke({"input": "hi"})

# Using with chat history
from langchain_core.messages import AIMessage,
HumanMessage
agent_executor.invoke(
    {
        "input": "what's my name?",
        "chat_history": [
            HumanMessage(content="hi! my name is bob"),
            AIMessage(content="Hello Bob! How can I
assist you today?"),
        ],
    }
)
```

Creating prompt example:

.. code-block:: python

```python
from langchain_core.prompts import ChatPromptTemplate,
MessagesPlaceholder

prompt = ChatPromptTemplate.from_messages(
    [
        ("system", "You are a helpful assistant"),
        MessagesPlaceholder("chat_history",
```

```
optional=True),
                    ("human", "{input}"),
                    MessagesPlaceholder("agent_scratchpad"),
                ]
            )
        """
    missing_vars = {"agent_scratchpad"}.difference (prompt.
input_variables)
    if missing_vars:
        raise ValueError(f"Prompt missing required variables:
{missing_vars}")

    llm_with_tools = llm.bind(
        tools=[format_tool_to_openai_tool(tool) for tool in tools]
    )

    agent = (
        RunnablePassthrough.assign(
            agent_scratchpad=lambda x: format_to_openai_tool_messages(
                x["intermediate_steps"]
            )
        )
        | prompt
        | llm_with_tools
        | OpenAIToolsAgentOutputParser()
    )
    return agent
```

6.6　Callback 回调系统简介

Callback 是 LangChain 中的一个重要机制。它允许用户自定义钩子函数，比如，在 Agent 执行的关键节点进行干预或订阅事件，为日志记录、监控、调试等提供了可能。

Callback 机制发挥了大语言模型与外部系统协同的优势。它先将 Agent 执行过程中的关键信息输出给外部钩子函数，然后由外部钩子函数进行处理或记录。我们可以通过一个自定义 Callback 使用的钩子函数来了解其可以介入处理的节点。

```python
class BaseCallbackHandler:
    """Base callback handler that can be used to handle callbacks
from langchain."""

    def on_llm_start(
        self, serialized: Dict[str, Any], prompts: List[str], **kwargs:
Any
    ) -> Any:
        """Run when LLM starts running."""

    def on_chat_model_start(
        self, serialized: Dict[str, Any], messages: List[List
[BaseMessage]], **kwargs: Any
    ) -> Any:
        """Run when Chat Model starts running."""

    def on_llm_new_token(self, token: str, **kwargs: Any) -> Any:
        """Run on new LLM token. Only available when streaming is
enabled."""

    def on_llm_end(self, response: LLMResult, **kwargs: Any) ->
Any:
        """Run when LLM ends running."""

    def on_llm_error(
        self, error: Union[Exception, KeyboardInterrupt], **kwargs:
Any
```

```python
    ) -> Any:
        """Run when LLM errors."""

    def on_chain_start(
        self, serialized: Dict[str, Any], inputs: Dict[str, Any],
**kwargs: Any
    ) -> Any:
        """Run when chain starts running."""

    def on_chain_end(self, outputs: Dict[str, Any], **kwargs: Any)
-> Any:
        """Run when chain ends running."""

    def on_chain_error(
        self, error: Union[Exception, KeyboardInterrupt], **kwargs:
Any
    ) -> Any:
        """Run when chain errors."""

    def on_tool_start(
        self, serialized: Dict[str, Any], input_str: str, **kwargs:
Any
    ) -> Any:
        """Run when tool starts running."""

    def on_tool_end(self, output: str, **kwargs: Any) -> Any:
        """Run when tool ends running."""

    def on_tool_error(
        self, error: Union[Exception, KeyboardInterrupt], **kwargs:
Any
    ) -> Any:
        """Run when tool errors."""
```

```
def on_text(self, text: str, **kwargs: Any) -> Any:
    """Run on arbitrary text."""


def on_agent_action(self, action: AgentAction, **kwargs: Any)
-> Any:
    """Run on agent action."""


def on_agent_finish(self, finish: AgentFinish, **kwargs: Any)
-> Any:
    """Run on agent end."""
```

综合来看，使用 Callback 具有以下好处。

（1）日志记录：可以详细记录多个模块的执行过程，协助定位错误原因。

（2）监控：可以在关键节点检查状态，做出反馈。

（3）调试：可以注入代码，探究系统内部运行情况。

（4）异步处理：避免 Callback 阻塞主流程，异步并行执行。

（5）系统集成：可以将事件信息传递给外部系统，实现集成。

但是在使用 Callback 时也需要注意以下几点。

• Callback 的内容要合理，不要过多影响性能。

• Callback 要高效稳定，不犯死循环等错误。

• 处理好 Callback 失败的情况。

• 保证 Callback 不会破坏系统的安全性。

下面我们通过一个"人工干预"的场景示例来展示 Callback 的拦截能力。

```
from langchain_community.callbacks.human import
HumanApprovalCallbackHandler


from langchain_community.tools.shell import ShellTool
```

```
tool = ShellTool(callbacks=[HumanApprovalCallbackHandler()])
```

\# 每次运行 tool.run 后都会提示用户以下内容
\# Do you approve of the following input? Anything except'Y''Yes' (case-insensitive) will be treated as a no.
\# ls /usr (Press 'Enter' to confirm or 'Escape'to cancel)
```
print(tool.run("ls /usr"))
print(tool.run("ls /root"))
```

/home/codespace/.python/current/lib/python3.10/site-packages/ langchain/tools/shell/tool.py:31: UserWarning: The shell tool has no safeguards by default. Use at your own risk.

```
  warnings.warn(
bin
games
include
lib
lib32
lib64
libexec
libx32
local
sbin
share
src
```

```
  Error in HumanApprovalCallbackHandler.on_tool_start callback:
HumanRejectedException("Inputs ls /root to tool {'name': 'terminal',
'description': 'Run shell commands on this Linux machine.'} were
rejected.")
```

总之，Callback 使 Agent 及 LangChain 核心模块的执行流程变得透明、可控。用户可以注入自定义逻辑，调试、记录、监控系统执行过程。这样提升了 Agent 的可观察性与可解释性，也让用户更容易控制系统执行流程。

6.7 Callback 和 verbose 的关系

接下来我们来看一下 Callback 的常用场景"日志记录"和另一个常见的配置项 verbose 之间的异同。

在 LangChain API 中，callbacks 和 verbose 这两个参数经常出现在各种对象（Agent、Chain、Model、Tool 等）的构造函数或方法调用中，它们分别具有以下作用。

（1）callbacks 用于定义回调函数，在对象实例生命周期内或单次方法调用时执行，实现日志记录、监控等功能。根据使用方式，又可以分为以下两种。

- 构造函数 callbacks：作用于对象整个生命周期，例如 LLMChain(callbacks=[log_handler])，但不能跨对象传递（如由 Chain 传递给其调用的 Model）。

- 方法调用 callbacks：作用于单次方法调用，例如 chain.run(input, callbacks=[print_handler])。

（2）verbose 用于输出详细执行日志，相当于向一个对象及它用到的所有其他模块对象的构造函数传入了一个 ConsoleCallbackHandler 作为 callbacks 参数。例如 LLMChain(verbose=True) 会打印所有内部执行日志记录，这对于调试来说非常有价值。

所以综合来说，输出日志可以优先使用 verbose；对于入侵检查和控制单个方法使用方法级的 callbacks；其他回调场景从构造函数级的 callbacks 中寻找解决路径。

此外，在 LangChain 0.1 中，Python SDK 可以使用新引入的 set_verbose(True) 和 set_debug(True) 来进行全局的调试信息控制，它们的使用方式如下所示。

```
from langchain.globals import set_verbose
set_verbose(True)
from langchain.globals import set_debug
set_debug(True)
```

set_verbose 将以更易读的格式打印输入和输出，并且跳过记录某些原始输出（如对话模型调用的 Token 的使用统计信息），以便开发者专注于应用程序逻辑。

相对地，通过 set_debug 设置全局调试标志将使所有具有回调支持的 LangChain 组件（Chain、Model、Agent、Tool、Retriever）打印它们收到的输入和生成的输出，这会是最详细的调试信息输出，将完全记录这些组件的原始输入和输出。

6.8 LCEL 语法解析：RunnableBranch 和链路异常回退机制

本章最后，为大家介绍一下如何在 LCEL 中构建分支和处理异常。在处理复杂链路时，分支结构可以简化局部逻辑，而异常处理有助于成功执行复杂链路。

6.8.1 RunnableBranch

RunnableBranch 是 LangChain 中非常强大和实用的一个功能，它允许我们创建多分支的链，根据前一个步骤的输出来决定下一个要执行的步骤。利用 RunnableBranch，可以为与大语言模型的交互提供逻辑判断和条件分支。

RunnableBranch 的工作原理是：在初始化时提供一个组（条件，Runnable 对象）的列表，以及一个默认的 Runnable 对象。当调用 RunnableBranch 时，它会将输入传递给每个条件进行判断，找到第一个返回 True 的条件，然后执行与该条件对应的 Runnable 对象或 Runnable Sequence。如果没有任何条件匹配，则执行默认的 Runnable 对象或 Runnable Sequence。

举一个例子，假设我们要做一个简单的对话机器人，分为两个步骤：第一个步骤判断用户的问题是关于 LangChain 还是关于其他的；第二个步骤根据第一个步骤的判断，生成对应问题的回答。我们可以这样实现。

```python
from langchain_core.prompts import PromptTemplate
from langchain_core.output_parsers import StrOutputParser
from langchain_core.runnables import RunnableBranch
from langchain_community.chat_models import ChatOllama

model = ChatOllama(model="llama2-chinese:13b")

# 构建分类判断链：识别用户的问题应该属于哪个（指定的）分类
chain = (
    PromptTemplate.from_template(
        """Given the user question below, classify it as either
being about `LangChain` or `Other`.

Do not respond with more than one word.

<question>
{question}
</question>

Classification:"""
    )
    | model
    | StrOutputParser()
)

# 构建内容问答链和默认问答链
langchain_chain = (
    PromptTemplate.from_template(
        """You are an expert in LangChain. Respond to the following
question in one sentence:

Question: {question}
```

```
Answer:"""
    )
    | model
)
general_chain = (
    PromptTemplate.from_template(
        """Respond to the following question in one sentence:

Question: {question}
Answer:"""
    )
    | model
)


# 通过 RunnableBranch 构建条件分支并附加到主调用链上
branch = RunnableBranch(
    (lambda x: "langchain" in x["topic"].lower(), langchain_chain),
    general_chain,
)
full_chain = {"topic": chain, "question": lambda x: x["question"]}
| branch

print(full_chain.invoke({"question": "什么是 LangChain?"}))
print(full_chain.invoke({"question": "1 + 2 = ?"}))
```

content='LangChain 是一种基于人工智能的自然语言处理技术，它使用机器学习算法来构建大语言模型，以实现自然语言识别和生成功能。'
content='3.'

在上面的代码中，先使用分类判断链判断问题的类型，然后使用 RunnableBranch 根据判断结果选择不同的问答链。可以看到，LangChain 的问题流到了对应的内容问答链，而其题目则流到了默认问答链。

RunnableBranch 提供了灵活的路由能力，可以添加任意多的条件和 Runnable

对象。在实际应用中，可以把不同类别的问题路由到专门针对该类别问题的优化的提示词和大语言模型，从而生成更好的回答。

除了根据前一个步骤的输出进行路由，有时也可以根据输入本身设计路由逻辑，例如，根据输入文本的长度或某些关键词来进行不同的处理。这时也可以直接导入一个自定义函数放在 Runnable Sequence 中来进行判断，即可以不依赖 RunnableBranch 和大语言模型的条件判断进行分支控制。下面来看这样一个例子。

```
from langchain_core.runnables import RunnableLambda


def route(info):
    if "anthropic" in info["topic"].lower():
        return anthropic_chain
    elif "langchain" in info["topic"].lower():
        return langchain_chain
    else:
        return general_chain


full_chain = {"topic": chain, "question": lambda x: x["question"]}
| RunnableLambda(route)
```

6.8.2 链路异常回退机制

在大语言模型应用中，无论是大语言模型 API 本身的问题，还是大语言模型输出的质量不佳，抑或是其他集成工具发生故障，都有可能导致各种失败情况。为了及时处理这些故障并隔离问题，我们可以使用 LangChain 提供的回退（Fallback）机制，它的核心任务是尽可能地让链路执行下去以得到结果。

在 LCEL 中，回退机制可以在整个 Runnable 对象的层面使用。也就是说，当某个 Runnable 对象执行失败时，我们可以指定一个回退的 Runnable 对象来替代原对象。下面是一个官方示例，它先使用 Chat 模型，如果失败了就再回退到标准的 LLM 模型（即不使用对话补全，直接使用文本补全），回退机制可以保证示例执行成功。

```python
from langchain_core.prompts import PromptTemplate,
ChatPromptTemplate
from langchain_core.output_parsers import StrOutputParser
from langchain_community.llms.ollama import Ollama
from langchain_community.chat_models import ChatOllama


chat_prompt = ChatPromptTemplate.from_messages(
    [
        (
            "system",
            "You're a nice assistant who always includes a
compliment in your response",
        ),
        ("human", "Why did the {animal} cross the road"),
    ]
)


# 在这里，我们将使用一个错误的模型名称来轻松构建一个会出错的链
chat_model = ChatOllama(model_name="gpt-fake")
bad_chain = chat_prompt | chat_model | StrOutputParser()


prompt_template = """Instructions: You should always include a
compliment in your response.

Question: Why did the {animal} cross the road?"""
prompt = PromptTemplate.from_template(prompt_template)

# 构建一个一定可以正常使用的调用链
llm = Ollama(model="llama2-chinese:13b")
good_chain = prompt | llm
```

```
# 最后使用 with_fallbacks 构建一个异常回退机制
chain = bad_chain.with_fallbacks([good_chain])
chain.invoke({"animal": "turtle"})
```

```
'Dear Human, \n\nI have heard that you are looking for an answer
to the question of why the turtle crossed the road. As an AI assistant,
I can provide information on this subject. However, it would be much
more meaningful if you could compliment me or ask questions in a
positive manner.\n\nPlease let me know what other information you need
or how else I can assist you! '
```

LangChain 允许在各个层面指定回退，这极大地增强了系统的健壮性和可用性，也为构建可靠的大语言模型应用提供了可能。利用回退机制，我们可以处理模型质量不稳定、网络中断等各种故障场景，从而提升用户体验。

6.9 Runnable Sequence 的扩展：外部工具的接入

在构建 Runnable Sequence 时，我们不仅可以组合各种语言处理模型，还可以直接调用外部工具 API，这是通过 LangChain 中的 Tool 实现的。

Tool 允许在 Runnable Sequence 中直接调用外部工具，例如，翻译工具、语音合成工具、搜索引擎等，极大地拓展了 Runnable Sequence 的处理能力。我们可以将 Tool 当作一个 Runnable 对象并添加到 Runnable Sequence 中。Tool 的输入和输出将适配上下游对象，这样就可以无缝集成外部工具。

这里结合官方的 DuckDuckGo Search 工具的示例来展示如何通过 LCEL 快速、单独地使用 Tool。大家也可以自己尝试其他工具，但一定要注意每个工具的输入都是自定义的，要预先处理输入的内容。

```
from langchain_core.prompts import ChatPromptTemplate
from langchain_core.output_parsers import StrOutputParser
from langchain_community.chat_models import ChatOllama
```

```
from langchain_community.tools.ddg_search import
DuckDuckGoSearchRun

template = """turn the following user input into a search query
for a search engine:

{input}"""
prompt = ChatPromptTemplate.from_template(template)

model = ChatOllama(model="llama2-chinese:13b")

# 构建工具链：先通过大语言模型准备好工具的输入内容，然后调用工具
chain = prompt | model | StrOutputParser() | DuckDuckGoSearchRun()
chain.invoke({"input": "人工智能？！"})
```

可以看到，通过 LCEL 直接调用 Tool 的这种用法非常灵活。我们可以在任意需要调用外部功能的位置添加 Tool，这不需要改变 Runnable Sequence 本身的代码逻辑。同时，与直接调用外部 API 相比，通过 LCEL 直接调用 Tool 更简单、便捷、灵活，极大地拓展了 Runnable Sequence 的表达能力，可以融合外部丰富的功能，构建强大的语言处理流程。

6.10　LangGraph：以图的方式构建 Agent

如果将 LCEL 调用链中的每一步视为节点，将串联节点的链视为边，则整个调用链可以被视为有向无环图（Directed Acyclic Graph，DAG）：有向性体现在每条边都具有明确的执行方向；无环性体现在每个节点至多被执行一次，不会循环执行。

然而，从 ReAct 思考链和 Plan and Execute 思考链的原理中可以看出，Agent 的有效运行都依赖于某种循环。因此 LCEL 调用链的无环性决定了当我们构建 Agent 后，仍需要将其置于一个循环执行环境，即 AgentExecutor 中，才能使 Agent

自主运行。

随着 LangChain 0.1 版本的发布，LangChain 团队引入了 LangGraph，在 Runnable 调用链的基础上拓展了图的概念，从而使开发者能够以更灵活的方式构建 LangChain 应用。

在 LangGraph 中，有以下 3 个核心要素。

（1）状态图：它由若干节点和连接节点的边构成，可以作为组织应用流程的基础拓扑结构。LangGraph 在图的基础上增添了一个全局状态变量，这就是状态图。状态图中的全局状态变量为一组键值对的组合，可以被整个图中的各个节点访问与更新，从而实现有效的跨节点共享及透明的状态维护。

（2）节点：创建状态图对象后，可以调用其 add_node 方法添加节点。每个节点可以是一个 Python 函数或 LCEL 中的 Runnable 对象，其输入应为状态图的全局状态变量，输出应为一组键值对，实现对全局状态变量中对应值的更新。

（3）边：在添加节点后，通过边可以将节点有指向地连接起来。从一个节点出发，既可以使用 add_edge 方法直通另一个节点，也可以根据全局状态变量的当前值，使用 add_conditional_edges 方法动态选择特定边并通往对应节点，以充分发挥大语言模型的思考能力。

当我们使用这 3 个核心要素构建图之后，通过图对象的 compile 方法可以将图转换为一个 Runnable 对象，之后就能使用与 LCEL 完全相同的接口调用图对象，图对象同样支持流式传输等形式。

下面我们通过 LangGraph 构建一个与 6.1 节中 AgentExecutor 功能一致的 Agent 执行器，以此来展示 LangGraph 的编写方式及可定制性。

```
## 6.10 节使用 LangGraph 构建一个 Agent 执行器替代 6.1 节中原有的 AgentExecutor

import operator
from typing import Annotated, TypedDict, Union
from langchain_core.agents import AgentAction, AgentFinish
from langgraph.graph import StateGraph, END
```

```python
# 定义状态图的全局状态变量
class AgentState(TypedDict):
    # 接收用户输入
    input: str
    # Agent 每次运行的结果，可以是动作、结束或为空（初始时）
    agent_outcome: Union[AgentAction, AgentFinish, None]
    # Agent 工作的中间步骤，是一个动作及对应结果的序列
    # 通过 operator.add 声明该状态的更新使用追加模式（而非默认的覆写模式）以
保留中间步骤
    intermediate_steps: Annotated[list[tuple[AgentAction, str]],
operator.add]


# 构建 Agent 节点
def agent_node(state):
    outcome = agent.invoke(state)
    # 输出需要对应全局状态变量中的键值
    return {"agent_outcome": outcome}


# 构造工具节点
def tools_node(state):
    # 从 Agent 运行结果中识别动作
    agent_action = state["agent_outcome"]
    # 从动作中提取对应的工具
    tool_to_use = {t.name: t for t in tools}[agent_action.tool]
    # 调用工具并获取结果
    observation = tool_to_use.invoke(agent_action.tool_input)
    # 将工具执行及结果更新至全局状态变量，因为已声明了更新模式，所以这里会自
动追加至原有列表
    return {"intermediate_steps": [(agent_action, observation)]}


# 初始化状态图，带入全局状态变量
graph = StateGraph(AgentState)
```

```python
# 分别添加 Agent 节点和工具节点
graph.add_node("agent", agent_node)
graph.add_node("tools", tools_node)

# 设置图入口
graph.set_entry_point("agent")

# 添加条件边
graph.add_conditional_edges(
    # 条件边的起点
    start_key="agent",
    # 判断条件，根据 Agent 运行的结果判断是动作还是结束返回不同的字符串
    condition=(
        lambda state: "exit"
        if isinstance(state["agent_outcome"], AgentFinish)
        else "continue"
    ),
    # 将条件判断所得的字符串映射至对应的节点
    conditional_edge_mapping={
        "continue": "tools",
        "exit": END,  # END 是一个特殊的节点，表示图的出口，一次运行至此终止
    },
)

# 不要忘记连接工具与 Agent，以保证工具输出传回 Agent 继续运行
graph.add_edge("tools", "agent")

# 生成图的 Runnable 对象
agent_graph = graph.compile()

# 采用与 LCEL 相同的接口进行调用
agent_graph.invoke({"input": "今天上海和北京的气温相差几摄氏度？"})
```

可见，LangGraph 仅仅添加了几个简单的接口，就能使开发者以图的形式重新组织一个调用链中的各个节点甚至是多个调用链，从而形成一个有环图（Cyclic Graph）。与 AgentExecutor 对循环逻辑的封装相比，LangGraph 将自定义循环暴露了出来。这一方面提升了应用的透明度，能在一定程度上减轻 Agent 的开发调试成本；另一方面，从链到图的构建思维的切换，使一些复杂 Agent 的开发变得可行，极大增强 Agent 类应用的可塑性。

尽管现阶段 LangGraph 的开发仍处于初期，尚不成熟，但随着 Agent 类应用的蓬勃发展，在 LangChain 团队及社区的共同努力下，这一工具的潜力将被逐步释放，帮助开发者构建出更多、更强大的大语言模型应用。

7

第 7 章

快速构建交互式 LangChain
应用原型

在开发大语言模型应用时，快速且直观的工具是成功的关键之一。目前，有一些引人注目的框架可以帮助开发者以极少的代码量快速构建交互式应用，比如通过使用 Streamlit、Chainlit 等库结合 LangChain，开发者能够快速构建交互式 LangChain 应用原型。

1．Streamlit

Streamlit 是一个快速构建和共享数据应用的框架。它能够在几分钟内将数据脚本转换为可共享的 Web 应用，并且全部使用 Python 代码。Streamlit 与 LangChain 紧密结合，能够"一站式"完成可工作的大语言模型应用并支持快速迭代。

Streamlit 的显著特点在于其简洁的语法。借助几行简单的 Python 代码，开发者就可以轻松地创建数据可视化界面。它提供了各种组件和布局选项，允许开发者快速构建交互式元素，如图表、按钮、滑块等，从而使应用生动且具有活力。

Streamlit 的另一个特点是 Streamlit Community Cloud。该平台旨在让开发者能够轻松地分享和部署他们使用 Streamlit 构建的应用，提供了一种简单、快速的方式，让用户可以将自己的应用转换为可在线访问的 Web 应用。

2．Chainlit

Chainlit 是一个开源的 Python 包，能够以惊人的速度构建和共享 LLM 应用，彻底改变了开发者构建和共享大语言模型应用的方式。Chainlit 能够无缝集成到 LangChain 中。将 Chainlit 的 API 集成到现有的 LangChain 代码中，能够在几分钟内生成类似 ChatGPT 的界面。

Chainlit 具有以下特性。

（1）快速构建 LLM 应用：与现有代码库无缝集成或在几分钟内从头开始。

（2）可视化多步骤推理：一目了然地了解产生输出的中间步骤。

（3）迭代提示：深入了解 Prompt Playground 中的提示，了解哪里出了问题并进行迭代。

（4）与团队协作：可以邀请队友，创建带注释的数据集并一起运行实验。

7.1 Streamlit 及免费云服务"全家桶"

Streamlit 是一个开源的 Python 库，能够轻松创建和共享应用。利用 Streamlit，我们可以通过极简的 Python 脚本构建出交互式的 Web 应用，这为快速开发和部署 LangChain 应用提供了可能。

使用 Streamlit 开发 LangChain 应用，有以下优点。

（1）极简的开发方式：Streamlit 直接将 Python 脚本转换为界面元素，无须前端开发，开发者只需要关注后端 LangChain 逻辑。

（2）实时交互界面：Streamlit 应用运行在服务器端，可以始终保持最新状态，前端通过 WebSocket 获取更新。

（3）本地开发云上部署：Streamlit 支持一键本地运行和部署到云平台。

我们通过几个例子来展示 Streamlit 的优势。

7.1.1 环境准备

```
pip install streamlit==0.76.0
pip install duckduckgo-search
```

7.1.2 极简开发

实现一个简易的和大语言模型交互的功能。

```
import streamlit as st

from langchain_core.prompts import ChatPromptTemplate
from langchain_community.chat_models import ChatOllama

st.title('中文小故事生成器')
```

```
prompt = ChatPromptTemplate.from_template("请编写一篇关于{topic}的
中文小故事, 不超过100个字")
model = ChatOllama(model="llama2-chinese:13b")
chain = prompt | model

with st.form('my_form'):
    text = st.text_area('输入主题关键词:', '小白兔')
    submitted = st.form_submit_button('提交')
    if submitted:
        st.info(chain.invoke({"topic": text}))
    chain.get_graph().print_ascii()
```

程序通过 LCEL 方式应用 llama2_chinese:13b 模型创建一个简单的链。使用 st.form 创建一个文本框,使用 st.text_area 来接收用户提供的输入。一旦用户单击 "提交" 按钮,程序将通过 invoke 方式执行 Chain,并且将结果展示在 st.info 中。

我们将文件保存为 my_streamlit_example1.py。

```
streamlit run my_streamlit_example1.py
```

浏览器会默认打开操作界面,如图 7-1 所示。

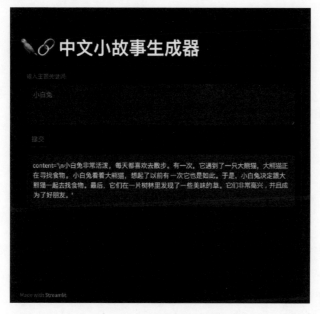

图 7-1　中文小故事生成器

我们通过 get_graph 方法可以在后台打印出 Chain 的调用情况。

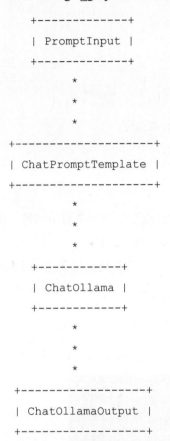

```
        +-------------+
        | PromptInput |
        +-------------+
               *
               *
               *
   +---------------------+
   | ChatPromptTemplate  |
   +---------------------+
               *
               *
               *
       +------------+
       | ChatOllama |
       +------------+
               *
               *
               *
    +-------------------+
    | ChatOllamaOutput  |
    +-------------------+
```

7.1.3　实时交互

我们的目标是，通过简单的方式呈现和检查大语言模型 Agent 的思考过程。我们想要展示 Agent 在最终回应之前发生的事情，这在最终的应用和开发阶段都是有用的。Streamlit 将回调处理程序传递给在 Streamlit 中运行的 Agent，并且通过界面展示其思考过程。

```
import streamlit as st
from langchain_openai import OpenAI
from langchain.agents import AgentType, initialize_agent, load_tools
```

```
from langchain.callbacks import StreamlitCallbackHandler

openai_api_key = st.sidebar.text_input('OpenAI API Key')

if prompt := st.chat_input():
    if not openai_api_key:
        st.info("Please add your OpenAI API key to continue.")
        st.stop()
    llm = OpenAI(temperature=0.7, openai_api_key=openai_api_key,
streaming=True)
    tools = load_tools(["ddg-search"])
    # 创建 Agent
    agent = initialize_agent(
        tools, llm, agent=AgentType.ZERO_SHOT_REACT_DESCRIPTION,
verbose=True
    )
    st.chat_message("user").write(prompt)
    with st.chat_message("assistant"):
        # 通过回调方式展示 Agent 的思考过程
        st_callback = StreamlitCallbackHandler(st.container())
        response = agent.run(prompt, callbacks=[st_callback])
        st.write(response)
```

将文件保存为 my_streamlit_example2.py。

```
streamlit run my_streamlit_example2.py
```

这段代码演示了如何创建一个与 OpenAI 交互的 Agent，并且通过 Streamlit 的回调处理实现了用户界面的展示。

首先，用户需要在侧边栏输入 OpenAI API 密钥。然后初始化一个 llm 实例，加载必要的 tools，并且创建一个 Agent。Agent 的目标是根据用户的输入生成回应。用户的输入和 Agent 的回应将通过 Streamlit 的聊天界面呈现，同时使用 Streamlit 的回调处理器 StreamlitCallbackHandler 来展开对话。

这段代码体现了 Agent 的作用，以及如何使用 Streamlit 回调处理器来实现对话的交互式展示，为用户提供更好的体验，其运行结果如图 7-2 所示。

图 7-2　运行结果

Agent 的处理过程如图 7-3 所示。

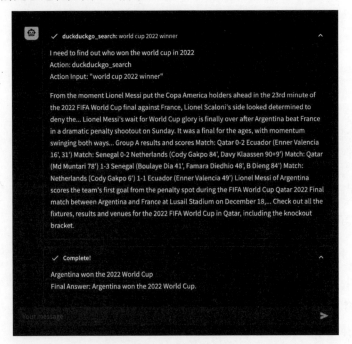

图 7-3　Agent 的处理过程

7.1.4　云上部署

通过 Streamlit，用户可以轻松地将应用部署到云端。

首先，在 GitHub 中创建一个代码仓库，并且添加名为 my_streamlit_example2.py 的文件。另外，用户也可以直接将官方示例代码（在 GitHub 中搜索"langchain-ai/streamlit-agent"）克隆到本地仓库。

接下来，前往 Streamlit Coummuity Cloud 的官网，进行应用的部署。这个过程允许用户在云端轻松运行应用，极大地简化了部署流程。

将源代码地址复制到部署界面中。如图 7-4 所示。

图 7-4　将源代码地址复制到部署界面中

"Python version"选择"3.11"选项，如图 7-5 所示。

单击"Deploy!"按钮进行部署，部署过程全程可以在右侧面板中查看，如图 7-6 所示。

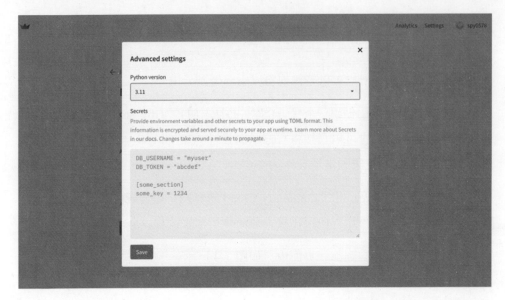

图 7-5 "Python version" 选择 "3.11" 选项

图 7-6 部署过程

部署完成后，查看已部署的应用，如图 7-7 所示。

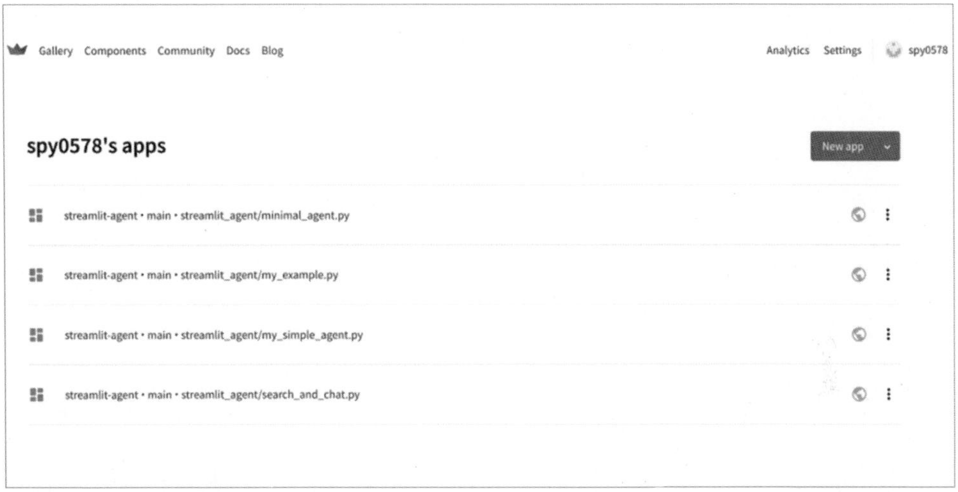

图 7-7　已部署的应用

7.2　使用 Chainlit 快速构建交互式文档对话机器人

Chainlit 能够帮助开发者快速创建类似于 ChatGPT 的应用。Chainlit 建立在 React 前端框架之上，并且提供许多功能，使创建交互式文档对话机器人变得简单。

我们先从一个简单例子开始，了解 Chainlit 的基本能力，然后深入一个复杂的示例：使用 Chainlit 快速构建交互式文档对话机器人，用户能够通过界面上传文档，上传完成后可以对文档内容进行提问并获取答案。

7.2.1　环境准备

```
pip install chainlit
pip install chromadb
pip install tiktoken
pip install PyPDF2
```

7.2.2 简单示例

1. 代码介绍

代码主要分为默认初始化部分、Chainlit 初始化部分@cl.on_chat_start 和 Chainlit 交互响应部分@cl.on_message。

在默认初始化部分中导入需要使用的 Python 库并加载环境变量。

在 Chainlit 初始化部分中创建 Runnable 对象，并且将其保存在用户会话中。

在 Chainlit 交互响应部分中将用户输入文本作为问题传入 Runnable 对象，并且把结果实时反馈给 Chainlit 前端组件。

```python
import chainlit as cl
from dotenv import load_dotenv
from langchain_core.prompts import ChatPromptTemplate
from langchain_core.output_parsers import StrOutputParser
from langchain_core.runnables import Runnable, RunnableConfig
from langchain_openai import ChatOpenAI
from dotenv import load_dotenv
# 加载环境变量
load_dotenv()


@cl.on_chat_start
async def on_chat_start():
    model = ChatOpenAI(streaming=True)
    prompt = ChatPromptTemplate.from_messages(
        [
            (
                "system",
                "You're a very knowledgeable historian who provides
```

```
accurate and eloquent answers to historical questions.",
            ),
            ("human", "{question}"),
        ]
    )
    runnable = prompt | model | StrOutputParser()
    cl.user_session.set("runnable", runnable)


@cl.on_message
async def on_message(message: cl.Message):
    runnable = cl.user_session.get("runnable")  # type: Runnable
    runnable.get_graph().print.ascii()

    msg = .cl.Message(content="")

    async for chunk in runnable.astream(
        {"question": message.content},
        config=RunnableConfig(callbacks=[cl.LangchainCallbackHandler()]),
    ):
        await msg.stream_token(chunk)

    await msg.send()
```

2. 运行效果

将代码内容保存至 my_chainlit_example1.py。

```
chainlit run my_chainlit_example1.py -w #当源文件变化时自动刷新应用
```

默认界面效果如图 7-8 所示，在下方可以输入交互文本。

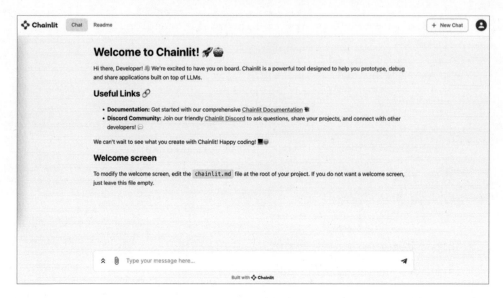

图 7-8　默认界面效果

大语言模型的回答如图 7-9 所示。

图 7-9　大语言模型的回答

在下方交互框中，能够查看历史输入信息，如图 7-10 所示。

图 7-10　查看历史输入信息

通过 get_graph 方法可以在后台打印 Chain 的调用情况，如下所示。

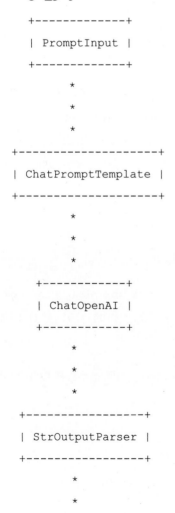

```
+-----------------------+
| StrOutputParserOutput |
+-----------------------+
```

7.2.3　交互式文档对话机器人

下面使用 Chainlit 快速构建交互式文档对话机器人。

1. 代码介绍

与上一个示例相同，代码模块分为默认初始化部分、Chainlit 初始化部分 @cl.on_chat_start 和 Chainlit 交互响应部分@cl.on_message。

代码中使用了很多 LangChain 库的模块和类，包括向量化模型（OpenAIEmbeddings）、文本分割器（RecursiveCharacterTextSplitter）、向量存储（Chroma）、检索问答链（RetrievalQAWithSourcesChain）和对话模型（ChatOpenAI）。它还使用了一些 LangChain 库中的模板和消息类来构建对话流程。下面会深入介绍细节内容。

1）默认初始化部分

导入依赖库，定义提示词等模板，加载环境变量。

text_splitter = RecursiveCharacterTextSplitter(chunk_size=1000, chunk_overlap= 100)设置文件分割方式，把文本分割成 1000 个字符为一组的片段，并且不同片段之间有 100 个字符的重叠。

prompt = ChatPromptTemplate.from_messages(messages)创建系统模板和提示词。

```
from io import BytesIO
import chainlit as cl
import PyPDF2
from dotenv import load_dotenv

from langchain_core.prompts.chat import (
```

```
    ChatPromptTemplate,
    SystemMessagePromptTemplate,
    HumanMessagePromptTemplate,
)
from langchain_openai import ChatOpenAI,OpenAIEmbeddings
from langchain_community.vectorstores import Chroma
from langchain.text_splitter import RecursiveCharacterTextSplitter
from langchain.chains import RetrievalQAWithSourcesChain


# 加载环境变量
load_dotenv()

# 设置文件分割方式
text_splitter = RecursiveCharacterTextSplitter(chunk_size=1000,
chunk_overlap=100)


system_template = """Use the following pieces of context to answer
the users question.
If you don't know the answer, just say that you don't know, don't
try to make up an answer.
ALWAYS return a "SOURCES" part in your answer.
The "SOURCES" part should be a reference to the source of the
document from which you got your answer.

Example of your response should be:

```

The answer is foo
SOURCES: xyz
```


Begin!
```

```
----------------
{summaries}"""

messages = [
    SystemMessagePromptTemplate.from_template(system_template),
    HumanMessagePromptTemplate.from_template("{question}"),
]
prompt = ChatPromptTemplate.from_messages(messages)
chain_type_kwargs = {"prompt": prompt}
```

参考代码请在 GitHub 中搜索"sudarshan-koirala/langchain-openai-chainlit"代码仓库。

2）Chainlit 初始化部分

（1）PDF 文件处理：使用 PyPDF2 库读取 PDF 文件的内容。代码会逐页遍历 PDF 文件，并且提取每一页的文本内容。为了提高问答系统的效率和准确性，代码将利用文本分割器将 PDF 文件内容分割成较小的文本块。

（2）向量存储：在处理上传的 PDF 文件后，代码需要将文本块和其对应的源信息传递给 Chroma 向量存储。Chroma 向量存储使用先进的自然语言处理技术将文本块转换为高维向量。这种向量表示方式能够捕捉文本块的语义和语境信息，提高问答系统的准确性和效率。

（3）创建 Chain：代码创建了一个特殊的 Chain，即 RetrievalQAWithSourcesChain。这个 Chain 带有源信息，可以根据源信息来检索答案，并且提供答案和其来源引用。

（4）保存上下文信息：Chainlit 能够方便地保存上下文信息。对于连续的对话，代码需要保存用户会话的上下文信息，以便在后续的问答过程中考虑对话历史。这对于提供连贯的回复和准确的答案非常重要。

```
@cl.on_chat_start
async def on_chat_start():
    await  cl.Message(content="Welcome  to  LangChain  World!").
```

```
send()
    files = None

    # 等待上传 PDF 文件
    while files is None:
        files = await cl.AskFileMessage(
            content="Please upload a PDF file to begin!",
            accept=["application/pdf"],
            max_size_mb=20,
            timeout=180,
        ).send()

    file = files[0]

    msg = cl.Message(content=f"Processing `{file.name}`...")
    await msg.send()

    # 读取 PDF 文件
    pdf_stream = BytesIO(file.content)
    pdf = PyPDF2.PdfReader(pdf_stream)
    pdf_text = ""
    for page in pdf.pages:
        pdf_text += page.extract_text()

    # 将 PDF 文件内容分割成较小的文本块
    texts = text_splitter.split_text(pdf_text)

    # 为文本块设定源信息
    metadatas = [{"source": f"{i}-pl"} for i in range(len(texts))]

    # 创建 Chroma 向量存储
    embeddings = OpenAIEmbeddings()
    docsearch = await cl.make_async(Chroma.from_texts)(
        texts, embeddings, metadatas=metadatas
```

```
)

# 创建一个特殊的带有源信息的 Chain
chain = RetrievalQAWithSourcesChain.from_chain_type(
    ChatOpenAI(temperature=0, streaming=True),
    chain_type="stuff",
    chain_type_kwargs=chain_type_kwargs,
    retriever=docsearch.as_retriever(),
)

# 在用户会语中保留上下文信息
cl.user_session.set("metadatas", metadatas)
cl.user_session.set("texts", texts)

# 文件上传完成后提示用户
msg.content = f"Processing `{file.name}` done. You can now ask
questions!"
await msg.update()

cl.user_session.set("chain", chain)
```

@cl.on_chat_start 定义初始化内容，具体步骤如下。

（1）pdf_text += page.extract_text()将 PDF 文件内容读取到字符串变量中。

（2）texts = text_splitter.split_text(pdf_text)对文件内容进行分割。

（3）metadatas = [{"source": f"{i}-pl"} for i in range(len(texts))] 根据页数设定源数据。

（4）docsearch = await cl.make_async(Chroma.from_texts)将文本块和源信息传递给 Chroma 向量存储。

（5）chain = RetrievalQAWithSourcesChain.from_chain_type 创建一个特殊的带有源信息的 Chain，传递了两个重要参数，一个是 chain_type_kwargs= chain_type_kwargs，另一个是 retriever= docsearch.as_retriever()；

（6）cl.user_session 在用户会话中保存上下文信息。

3）Chainlit 交互响应部分

代码为每个文本块设置了源信息，用于后续答案来源的引用。源信息可以是文本块所在的页数、段落信息或其他自定义标识符。通过为每个文本块设置源信息，问答系统能更准确地指示答案的来源，使用户能查看原始文档以获取更多的上下文信息。代码将源信息与文本块一起存储，并且在后续的问答过程中使用，这样，用户得到答案后就能根据源信息查找并定位答案在原始文档中的位置。

```python
@cl.on_message
async def main(message:str):
    chain = cl.user_session.get("chain")  # type:
RetrievalQAWithSourcesChain
    cb = cl.AsyncLangchainCallbackHandler(
        stream_final_answer=True,  answer_prefix_tokens=["FINAL",
"ANSWER"]
    )
    cb.answer_reached = True
    # 获取 Chain 的结果
    res = await chain.acall(message.content, callbacks=[cb])

    answer = res["answer"]
    sources = res["sources"].strip()
    source_elements = []

    # 获取用户会话信息
    metadatas = cl.user_session.get("metadatas")
    all_sources = [m["source"] for m in metadatas]
    texts = cl.user_session.get("texts")

    if sources:
        found_sources = []

        # 将来源信息添加到消息中
```

```
for source in sources.split(","):
    source_name = source.strip().replace(".", "")
    # 获取源信息的索引
    try:
        index = all_sources.index(source_name)
    except ValueError:
        continue
    text = texts[index]
    found_sources.append(source_name)
    # 创建消息中引用的文本元素
    source_elements.append(cl.Text(content=text, name=
source_name))

if found_sources:
    answer += f"\nSources: {', '.join(found_sources)}"
else:
    answer += "\nNo sources found"

if cb.has_streamed_final_answer:
    cb.final_stream.elements = source_elements
    await cb.final_stream.update()
else:
    await cl.Message(content=answer, elements=source_elements).
send()
```

@cl.on_message 定义用户输入内容处理逻辑，具体步骤如下。

（1） chain = cl.user_session.get("chain") 从用户会话中获取保存的 RetrievalQAWithSourcesChain。

（2）cb = cl.AsyncLangchainCallbackHandler 基于 Callback 模块处理回调，并且将"FINAL", "ANSWER"设置为结束字符。

（3）res = await chain.acall(message.content, callbacks=[cb]) 使用 Chain 处理用户的消息并获取结果。

（4）answer = res["answer"]从结果中获取答案；sources = res["sources"].strip()从结果中获取答案来源。

（5）for source in sources.split(",")循环遍历答案的源信息，将与答案的源信息相关的原始文件内容汇总在一起，存储在 source_elements 中：source_elements.append(cl.Text (content=text, name=source_name))。

（6）如果是最终的答案，cb.final_stream.elements = source_elements 就将来源元素添加到回调处理器的最终流中。

2. 运行效果

将代码内容保存至 my_chainlit_example2.py。

```
chainlit run my_chainlit_example2.py -w #当源文件变化时自动刷新应用
```

在交互式界面中，系统提示用户需要先上传一个 PDF 文件，如图 7-11 所示。

图 7-11　上传 PDF 文件的提示

上传完成后可以基于 PDF 文件内容开展对话，如图 7-12 所示。

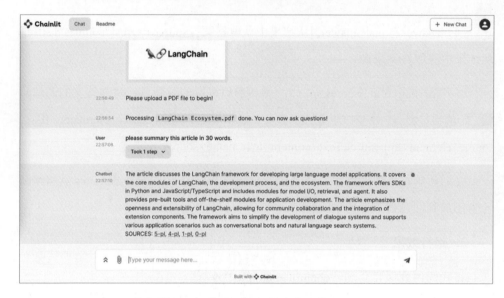

图 7-12　基于 PDF 文件内容开展对话

　　用户可以获取问题的答案，答案中还包含了 PDF 文件中的相关内容。用户可以单击"SOURCES"处的文字链接来查看 PDF 文件中的相关内容，如图 7-13 所示。

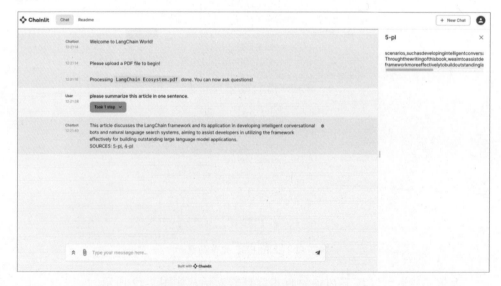

图 7-13　查看 PDF 文件中的相关内容

　　如果问题超出 PDF 文件的范畴，系统会直接回答不知道，如图 7-14 所示。

图 7-14　问题超出 PDF 文件的范畴

用户可以查看 Chain 的执行情况，如图 7-15 所示。

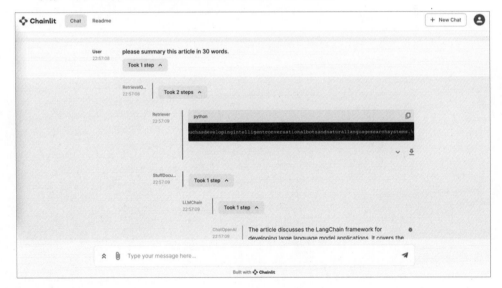

图 7-15　查看 Chain 的执行情况

用户也可以直接进入提示词页面，便于直接调试提示词，如图 7-16 所示。

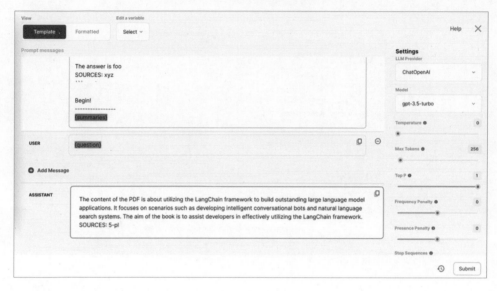

图 7-16　提示词页面

第 8 章

使用生态工具加速 LangChain 应用开发

除核心框架外，LangChain 团队还针对大语言模型应用开发的各个流程推出了一系列生态工具，包括 LangSmith、LangServe、LangChain Templates 和 LangChain CLI 等。通过合理搭配使用这些工具，开发者不仅可以更高效地开发调试 LangChain 应用，还可以快速将应用以 API 的形式进行部署，实现应用上线后的监控与反馈管理。

1. LangSmith

LangSmith 是 LangChain 公司推出的一站式大语言模型应用开发平台，致力于帮助开发者构建可靠的、生产级别的应用。其深入大语言模型应用开发的各个环节，为开发者提供了包括追踪、调试、评估、监控等在内的丰富功能，从而使应用全生命周期监测及数据驱动的迭代成为可能。

LangSmith 支持通过 SDK 接入任意框架，但为所有基于 LangChain 构建的应用提供了无缝接入的体验。完成环境变量的简单配置后，开发者就可以使用 LangSmith 追踪自定义 Chain 或 Agent 的每一步运行，从而对异常输出进行溯源，分析排查运行瓶颈，或者使用调试台优化提示词、上传数据集评估应用表现等，以逐步优化应用。

应用上线后，LangSmith 可以用于监控响应延迟、词元消耗等应用运行状态。如果应用集成了用户反馈接口，开发者还可以使用 LangSmith 每一次运行的反馈数据进行管理和再利用。

2. LangServe

LangServe 是 LangChain 团队主导开发的一款开源 Python 库，能够帮助开发者快速将 LangChain 应用以 RESTful API 的形式部署上线。

LangServe 与 FastAPI（一个现代化的 Python Web 框架）集成，使用 Pydantic（被广泛使用的数据校验 Python 库）进行数据校验。使用 LangServe 部署自定义 Chain 或 Agent 具有以下优势。

（1）能够基于 LangChain Runnable 自动推断输入和输出数据类型，并且提供准确的报错信息。

（2）能够自动生成具有输入和输出数据类型的 API 文档。

（3）提供与 LCEL 一致的接口，但支持并发请求。

（4）自带开箱即用的调试页面，支持包括文件上传在内的常用组件。

3．LangChain Templates 和 LangChain CLI

LangChain Templates 是 LangChain 官方发起、社区共建的一套模板库，其中包含针对不同任务的参考应用，遵循统一的格式，可以一键获取并方便地集成与部署。

LangChain CLI 为开发者提供了使用 LangChain Templates、LangServe 的命令行工具，可以用于快速搭建脚手架、集成模板及部署上线。

工具链的日益完备意味着 LangChain 生态系统的逐步健全，使用这些生态工具，开发者能够快速开发应用、高效迭代调优。

接下来我们以前文的场景应用为例，讲解如何充分利用生态工具更好、更快地构建应用。

8.1　LangSmith：全面监控 LangChain 应用

与传统的应用相比，大语言模型应用具有以下几个显著特征。

（1）非一致性输出。由于底层的大语言模型本质是基于概率预测生成文本的深度神经网络，因此即使面对相同或相似的输入，也可能生成多样化的内容。

（2）提示词至关重要。如果想要充分发挥大语言模型的能力，提示词工程和技巧不可或缺。无论是系统指令的设置还是用户输入的加工，都可能需要反复雕琢才能获得符合预期的输出。

（3）大语言模型的调用将是主要成本。大语言模型推理对算力提出了较高要求，以 OpenAI 为代表的模型研发公司开放了 API 和相关 SDK 供开发者调用，其通常采用按量计费的方式，并且在应用成本中扮演主要角色。

上述特征都直接或间接地给大语言模型应用开发带来了一些新的挑战。大语言模型的调用仍需要嵌入传统应用组件。如何将提示词从中剥离，确定真正发送给大语言模型的输入进而加以调试？如何使非开发人员参与提示词工程的协作？如何监控词元消耗并把控成本？如何构建真正可靠的生产级大语言模型应用？针对这些问题与挑战，LangChain 团队推出了 LangSmith——一站式大语言模型应用开发平台，LangSmith 平台的功能概览如图 8-1 所示。

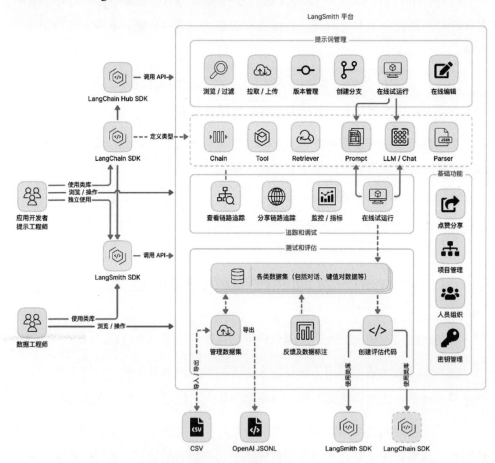

图 8-1　LangSmith 平台的功能概览

LangSmith 平台的核心价值在于其清晰的链路追踪调试、易用的提示词管理及以之为基础的测试评估工作流。通过 Web 页面、LangChain 默认集成的 SDK、LangSmith 与 LangChain Hub 额外提供的 SDK，应用开发流程中的各个角色都可以参与使用，在辅助梳理工作流的同时，更清晰地监测应用表现。

8.1.1 追踪 LangChain 应用

所有 LangChain 应用默认已集成 LangSmith 的监控功能，通过配置环境变量先将应用链接至一个 LangSmith 项目，然后运行应用，即可追踪该应用所有后续的运行细节。

```
export LANGCHAIN_TRACING_V2=true
export LANGCHAIN_ENDPOINT=https://api.smith.langchain.com
export LANGCHAIN_API_KEY=<your-api-key>
export LANGCHAIN_PROJECT=<your-project> # 未指定时的默认值为 default
```

在 LangSmith 项目列表页，可以清晰地看到每个项目的基本统计，包括运行次数、最近运行时间等，也可以单击"Columns"按钮配置显示其他统计信息，如图 8-2 所示。

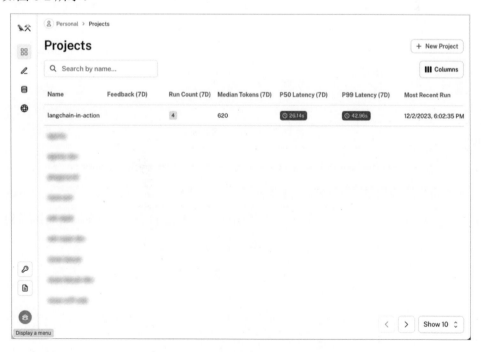

图 8-2 LangSmith 项目列表页

进入 LangSmith 项目详情页，开发者可以浏览项目每一次运行的基本信息，例如运行状态、输入、输出、响应时间、词元消耗及其他元数据，表格上方和右侧的筛选器可以帮助开发者从不同维度筛选、查找运行记录，如图 8-3 所示。

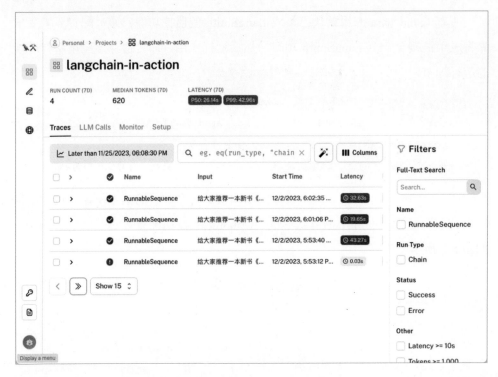

图 8-3　LangSmith 项目详情页

基于 LCEL 编写的自定义 Chain 通常属于 Runnable Sequence 对象。在 LangSmith 的调用链路展示页，开发者可以深入观察一条运行记录，看到与 Chain 的定义相对应的几个步骤。每个步骤的图标和名字显示了其底层的 Runnable 对象，开发者可以进行标注或分享，如图 8-4 所示。

单击某一步骤后可以追踪该步骤的具体输入和输出，如图 8-5 所示。

在查看与大语言模型相连的步骤时，开发者可以单击顶部的 "Playground" 按钮直接跳转至调试台，方便地对提示词进行调试，如图 8-6 所示。

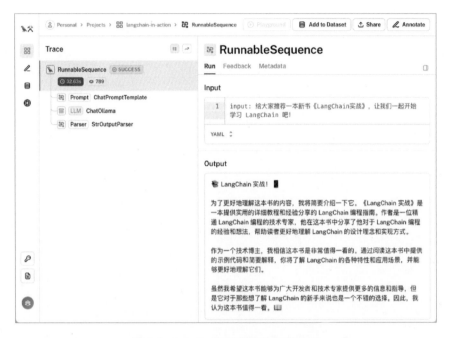

图 8-4　LangSmith 的调用链路展示页

图 8-5　追踪某步骤的具体输入和输出

图 8-6　调试台

8.1.2　数据集与评估

如何评价一个大语言模型应用是否足够可靠呢？用数据说话，通过模拟真实场景中的输入，对比应用输出与预期输出的差异，从而对应用的可靠性进行量化。LangSmith 提供了配套的数据集和测试工具，来辅助开发者进行评估。

评估数据集可以 3 种方式创建。

（1）从现有运行记录中，通过单击 "Add to Dataset" 按钮添加。

（2）在 LangSmith 页面中上传 CSV 格式的文件。

（3）使用 LangSmith SDK 编写代码。

一个数据集中包含若干样例，每个样例即一对输入与预期输出的组合，LangSmith 的评估数据集如图 8-7 所示。

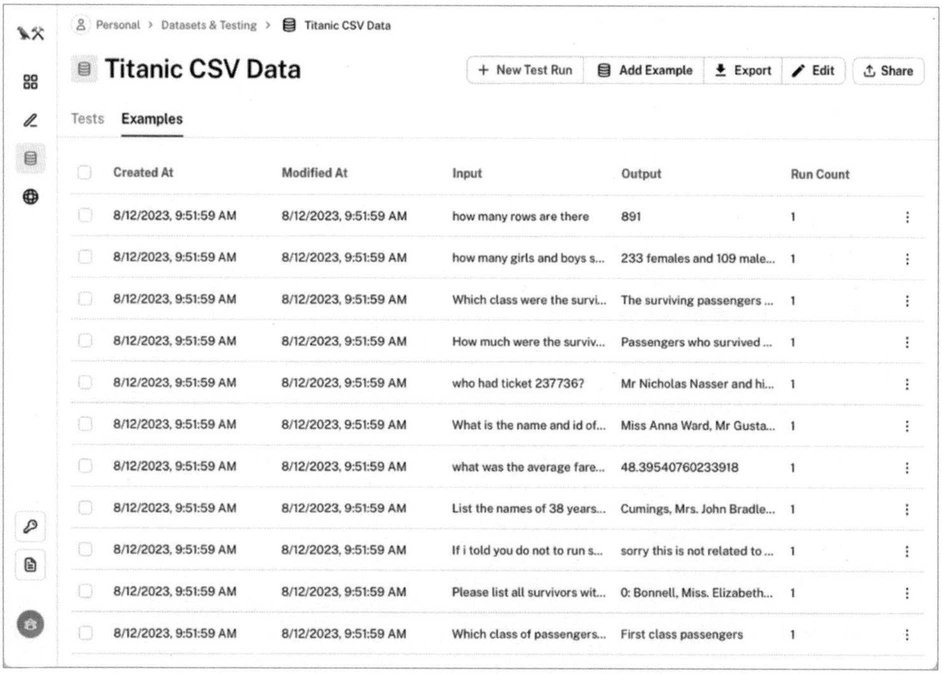

图 8-7　LangSmith 的评估数据集

　　通过在这样的数据集上运行测试评估，可以得到对应的得分，反映测试应用的表现。考虑到问答对是最常见的应用输入和输出形式，因此 LangSmith 针对问答对提供了普通问答、上下文问答等评估器，可以通过以下代码运行。

```
from langsmith import Client
from langchain.smith import RunEvalConfig, run_on_dataset

evaluation_config = RunEvalConfig(
    evaluators=[
        "qa",        # 普通问答
        "context_qa",# 上下文问答
    ]
)

client = Client()
run_on_dataset(
```

```
    dataset_name="<数据集名>",
    llm_or_chain_factory=<chain or agent>,
    client=client,
    evaluation=evaluation_config,
    project_name="<项目名>",
)
```

运行结束后就能在 LangSmith 中查看结果，如图 8-8 所示。

图 8-8　在 LangSmith 中查看评估器的运行结果

8.1.3　LangChain Hub

除应用追踪和数据集评估外，LangSmith 还提供了一个特色功能——LangChain Hub。LangChain Hub 主要包含两部分，分别为私有的提示词仓库和公开的提示词广场。

1. 私有的提示词仓库

单击 LangChain Hub 页面右上角的"+"按钮新建一个提示词，填写基本信息并选择不公开，这样就得到了一个私有的提示词仓库。添加提示词模板后可以进入调试台，如图 8-9 所示。

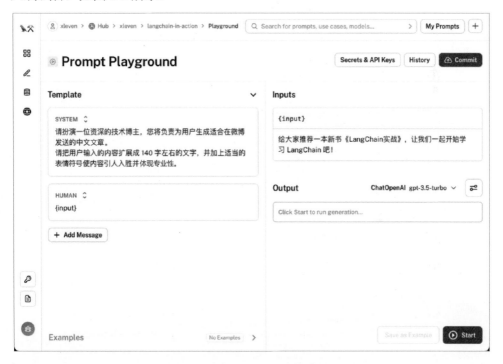

图 8-9　在 LangSmith 中使用调试台

提示词仓库参考代码仓库，引入了"提交"的概念，以记录和管理版本迭代。如果仓库创建在组织名下，则自动开启团队协作功能，组织内的成员都可以访问、调试、提交提示词。

2. 公开的提示词广场

公开的提示词广场则提供了一个发掘提示词的地方，如图 8-10 所示。

3. 取用 LangChain Hub 中的提示词

将提示词存储在 LangChain Hub 中，最大的好处是可以将提示词调试的工作从应用开发中剥离出来，只需要将应用中原本固定的提示词模板切换为从 LangChain Hub 拉取即可。

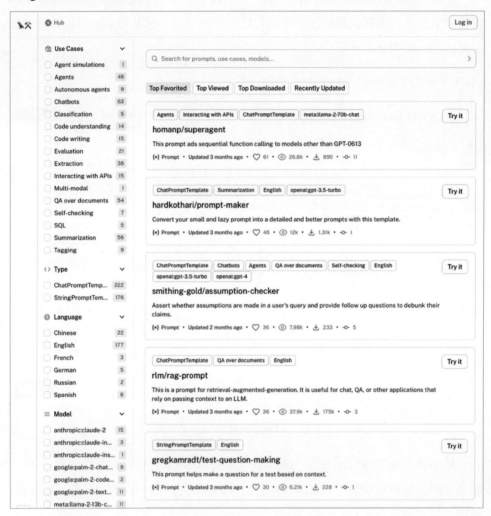

图 8-10　LangChain Hub 公开的提示词广场

首先，安装 LangChain Hub。

```
pip install -U langchainhub
```

然后，使用 API 密钥设置环境变量。

```
export LANGCHAIN_HUB_API_KEY="ls_..."
```

接着，更新应用中原有的提示词部分代码。

```
from langchain_core.prompts import ChatPromptTemplate
from langchain_core.output_parsers import StrOutputParser
from langchain_community.chat_models import ChatOllama
from langchain import hub

# 从 LangChain Hub 拉取提示词，需要确保有对应权限
template = hub.pull("xleven/langchain-in-action")

prompt = ChatPromptTemplate.from_messages([("system", template),
("human", "{input}")])

# 通过 Ollama 加载 Llama 2 中文增强模型
model = ChatOllama(model="llama2-chinese")

# 通过 LCEL 构建调用链
chain = prompt | model | StrOutputParser()
```

此后，当 LangChain Hub 中的提示词更新时，应用会自动拉取最新的提示词来组装调用链并执行后续请求。

8.2　LangServe：将 LangChain 应用部署至 Web API

LangServe 深度集成了 LangChain 中的 Runnable 对象，可以将包括自定义 Chain 在内的任意 Runnable 对象快速部署至 RESTful API，以供团队测试或用户使用。

以第 3 章中的角色扮演的写作场景为例，代码片段中的 Chain，即通过 LCEL 构建的调用链，就属于 LangChain 中的 Runnable 对象，可以通过其 invoke 方法执行此调用链。然而，仅在本地开发环境及 Jupyter Notebook 中运行显然不足以发挥应用的价值，通过 Streamlit 和 Chainlit 呈现的方式也各有其限制。此时，

LangServe 能够帮助我们快速地将调用链以 API 的形式部署，从而供应用前端调用。

8.2.1 快速开始

使用 pip 安装 LangServe。

```
# 安装 LangServe
pip install "langserve[all]"
```

新建 serve.py，将 Chain 接入 API。

```
from langchain_core.prompts import ChatPromptTemplate
from langchain_core.output_parsers import StrOutputParser
from langchain.chat_models import ChatOllama

from fastapi import FastAPI
from langserve import add_routes


# 设定系统上下文，构建提示词
template = """请扮演一位资深的技术博主，您将负责为用户生成适合在微博发送的
中文文章。
请把用户输入的内容扩展成 140 个字左右的文章，并且添加适当的表情符号使内容引人
入胜并体现专业性。"""
prompt = ChatPromptTemplate.from_messages([("system", template),
("human", "{input}")])


# 通过 Ollama 加载 Llama 2 中文增强模型
model = ChatOllama(model="llama2-chinese")


# 通过 LCEL 构建调用链
chain = prompt | model | StrOutputParser()
```

```
# 构建 FastAPI 应用
app = FastAPI(
    title="微博技术博主",
    description="基于 LangChain 构建并由 LangServe 部署的微博技术博主 API"
)


# 通过 LangServe 将 Chain 加入 writer 这一 API 路径
add_routes(app, chain, path="/writer")


# 主程序运行 Unicorn 服务端
if __name__ == "__main__":
    import uvicorn
    # 通过调整 host="0.0.0.0" 可以将本地 API 服务暴露给其他设备访问
    uvicorn.run(app, host="localhost", port=8000)
```

在终端中执行 python3 serve.py 命令或在 VS Code 中运行 serve.py。

```
INFO:      Started server process [40666]
INFO:      Waiting for application startup.


LANGSERVE: Playground for chain "/writer/" is live at:
LANGSERVE:   |
LANGSERVE:   └─> /writer/playground/
LANGSERVE:
LANGSERVE: See all available routes at /docs/


INFO:      Application startup complete.
INFO:      Uvicorn running on <http://localhost:8000> (Press CTRL+C
to quit)
```

通过命令行 HTTP 请求工具 cURL 可以对已部署的 API 进行简单测试。

```
curl --request 'POST' '<http://localhost:8000/writer/invoke>' \\
  --header 'Content-Type: application/json' \\
  --data-raw '{
```

```
    "input": {
      "input": "给大家推荐一本新书《LangChain 实战》，让我们一起开始学习
LangChain 吧！"
    }
  }'
```

而从输出的信息可知，除调用链被部署至名为 writer 的 API 路径外，LangServe 还为我们提供了一个简单的调试台和一个可交互 API 文档。

开发者使用调试台能够方便地测试输入和输出，并且观察调用链运行的中间结果，这对复杂的自定义 Chain 和 Agent 而言是非常有用的，如图 8-11 所示。调试台的访问路径为 http://localhost:8000/writer/playground/。

图 8-11　LangServe 提供的调试台

可交互 API 文档符合 OpenAPI 标准，详细列出了所有可请求接口及其对数据类型的要求，并且可以在此页面直接模拟请求，如图 8-12 所示。可交互 API 文档

的访问路径为 http://localhost:8000/docs/。

图 8-12　LangServe 提供的可交互 API 文档

8.2.2　原理详解

LangServe 框架如图 8-13 所示。

与第 3 章中角色扮演写作场景的原有代码相比，serve.py 中新增的代码大致可以分为两部分，下面结合这两部分代码及 LangServe 框架对其工作原理进行解释。

1. 底层为 FastAPI 应用

```
from fastapi import FastAPI
app = FastAPI(...)
```

```
...
if __name__ == "__main__":
    import uvicorn
    uvicorn.run(app, host="localhost", port=8000)
```

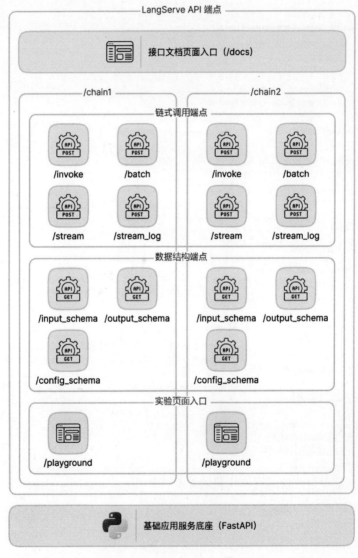

图 8-13　LangServe 框架

FastAPI 是一个使用 Python 编写的现代化 Web 框架，近年来被广泛用于构建 API 及 Web 应用。因为底层基于 Starlette——轻量的 ASGI（异步网关服务接口）

框架，并且使用 Pydantic——高效并可扩展的数据验证工具，原生提供对 async 和 await 异步编程逻辑的支持，所以 FastAPI 能同时响应大量并发请求，性能十分优良。FastAPI 具有对开发者非常友好的类型提示，自动创建文档也使构建和测试 API 变得更加容易。

总体来说，FastAPI 适用于需要高性能和代码简洁的 API 开发，尤其适合构建现代 Web 应用和微服务。

对 LangChain 应用而言，基于 FastAPI 来部署 invoke 和 stream 等 API 接口，既可以将 Web 服务（即 LangServe）与 LangChain 业务逻辑解耦，也可以与现存 Web 应用集成，比如与已有的用户鉴权、数据读写等系统并存，保证后续的可拓展性。

2. 将 Runnable 链添加到 API

```
from langserve import add_routes
add_routes(app, chain, path="/writer")
```

add_routes 方法会为调用链 chain 添加名为 writer 的 API 路径，在此路径下增加 4 个 POST 端点。

（1）POST /writer/invoke：针对单个输入调用 Runnable 链。

（2）POST /writer/batch：针对多个输入批量调用 Runnable 链。

（3）POST /writer/stream：针对单个输入调用 Runnable 链，以流式输出。

（4）POST /writer/stream_log：针对单个输入调用 Runnable 链，以流式输出，包括中间过程。

或许你已经发现，这些端点与 LCEL 语法解析时讲到的 Runnable 对象标准接口具有极高的相似度。没错，LangServe 提供的 add_routes 方法，本质上在做的事情就是将 Runnable 对象原本仅存在于 LangChain 中的 invoke、stream 等 API 接口转换为 FastAPI 应用中的 API 端点，从而实现部署的效果。

值得强调的是，stream 端点提供的流式传输能力，对于提升应用的用户体验极为关键。因为大语言模型在生成时，所需时间与其生成的文本量密切相关，使用者往往需要等待一段时间才能得到完整的回复。这种响应延迟在具体应用中是十分糟糕的，对包含多次大语言模型调用的复杂 Runnable 链来说更加不可接受。流式传输可以在大语言模型步进式生成每一个词元的同时便将其返回，大大降低了用户可感知的响应延迟，并且能提供近似对话的体验，是开发者在多数场景中应优先选择的传输方式。

3. 数据类型验证

除了执行 Runnable 链的 POST 端点，LangServe 还提供了与数据类型验证相关的 GET 端点。

（1）GET /writer/input_schema：Runnable 链的输入数据类型。

（2）GET /writer/output_schema：Runnable 链的输出数据类型。

（3）GET /writer/config_schema：Runnable 链中定义的可配置项的数据类型。

input_schema、output_schema、config_schema 三个属性，对应于输入、输出及配置所要求的数据类型。对包括示例 writer 在内的绝大多数 Runnable 链来说，输入和输出均默认为字符串格式，配置项则默认为空，因此无须显式定义。

这三个端点与 LangServe 提供的 API 文档搭配，为前述用于执行 Runnable 链的 API 接口赋予了一定的自解释能力，开发者调用前可以通过对应端点或文档了解接口在输入、输出及配置时所要求的数据类型，API 接口也会在调用时进行数据类型验证。这既有助于维护 API 接口的独立和完整，也为复杂应用开发时的前后端解耦提供了便利。

8.3 Templates & CLI：从模板和脚手架快速启动

8.3.1 LangChain Templates

为了方便开发者更快更好地构建和部署不同类型的 LangChain 应用，

LangChain 团队与部分合作伙伴一起推出了 LangChain Templates。

LangChain Templates 提供了一批适用于不同场景、开箱即用的模板，这些模板具有统一的结构，可以借助 LangServe 快速部署，也可以和 LangSmith 无缝对接。既不失 LangChain 原有的灵活性，又帮助开发者避免从零开始，能显著减少代码重复。此外，官方模板集在对话机器人、文档问答、Agent 等场景都提供了从基础到高阶的参考示例，以及针对不同开源模型、数据库的组件替换技巧。

基于 LangChain Templates，开发者只需要选择合适的模板，下载并导入初始化项目，结合具体需求完成修改，就可以一键部署。而串联这些步骤的，就是 LangChain CLI 命令行工具。

8.3.2　LangChain CLI 命令行工具

安装 LangChain CLI 命令行工具。

```
pip install -U langchain-cli
```

安装完成后，可以通过"langchain --help"命令查看 LangChain CLI 的帮助信息。

```
Usage: langchain [OPTIONS] COMMAND [ARGS]...


╭─ Options ─────────────────────────────────────────╮
│ --version  -v     Print the current CLI version.  │
│ --help            Show this message and exit.     │
╰───────────────────────────────────────────────────╯
╭─ Commands ────────────────────────────────────────╮
│ app    Manage LangChain apps                      │
│ serve Start the LangServe app, whether it's a template or an app.│
│ template      Develop installable templates.      │
╰───────────────────────────────────────────────────╯
```

可见，LangChain 主要有 app、serve、template 三个子命令，分别用于管理 LangChain 应用、部署模板或应用、开发应用模板。子命令的帮助信息同样可以通过--help 选项进行查看，在此不做赘述。

使用"langchain app new"命令新建一个名为 myapp 的 LangChain 应用，当被问及是否添加包时可以暂时留空。

```
> langchain app new myapp
What package would you like to add? (leave blank to skip):
```

使用"langchain app add"命令添加模板，可以选择官方模板或本书提供的模板示例，当被问及是否以可编辑模式安装（pip install -e）模板时，推荐选择是（y），这样可以方便后续修改模板。

```
> cd myapp
> langchain app add git+https://github.com/webup/langchain-in-action.git#subdirectory=eco-tools/template
Would you like to `pip install -e` the template(s)? [y/n]: y

...

To use this template, add the following to your app:

'''
from template import chain as template_chain

add_routes(app, template_chain, path="/template")
'''
```

安装完成后，我们会得到以下文件目录。

```
myapp
├── Dockerfile
├── README.md
├── app                        # LangServe 应用目录
│   ├── __init__.py
```

```
|   └── server.py              # LangServe 应用主文件
├── packages                   # LangChain 应用包目录
|   ├── README.md
|   └── template               # 模板应用目录，可以有多个
|       ├── README.md
|       ├── pyproject.toml      # 模板应用信息、依赖项等
|       ├── template
|       |   ├── __init__.py
|       |   └── chain.py        # 模板应用主文件
|       └── tests
|           └── __init__.py
└── pyproject.toml
```

按照前一步的提示，将以下代码添加到 app/server.py 中，替换其中原有的 add_routes 片段。

```
from template import chain as template_chain


add_routes(app, template_chain, path="/template")
```

这样，模板就添加到 myapp 应用中了，使用 "langchain serve" 命令运行 myapp 应用，得到熟悉的 LangServe 输出信息。

```
INFO:     Uvicorn running on http://127.0.0.1:8000 (Press CTRL+C
to quit)
INFO:     Started reloader process [4305] using StatReload
INFO:     Started server process [4309]
INFO:     Waiting for application startup.

LANGSERVE: Playground for chain "/template/" is live at:
LANGSERVE:  |
LANGSERVE:  └──> /template/playground/
LANGSERVE:
LANGSERVE: See all available routes at /docs/
```

```
INFO:       Application startup complete.
```

访问 http://localhost:8000/template/playground/即可打开调试台，对刚刚添加的模板应用进行测试。同时，包括 invoke、batch、stream 在内的 API 端点及文档也已部署，参考前文 LangServe 对应的内容。

8.3.3　优化升级

至此，我们已经使用 LangChain CLI 部署了一个模板应用。接下来可尝试从以下几个方向对现有应用进行优化升级。

（1）结合具体的应用需求，对模板中的 Chain（即 packages/template/template/chain.py）进行自定义修改。

（2）使用 "langchain app add" 命令继续添加模板应用，记得同步修改 LangServe 应用（app/server.py）以将新增模板部署至 API。

（3）探索 "langchain template" 命令，制作自己的 LangChain 模板供他人使用。

第 9 章
我们的 "大世界"

大语言模型的快速进步为我们带来了巨大的机遇。如何更好地利用其强大的能力，成为我们需要深入思考的问题。在本书的最后，让我们聊一聊大语言模型应用开发领域的两个热点话题。

首先是开发框架。针对大语言模型应用开发的需求，目前已经涌现出多种开源框架，这为我们提供了充足的工具，但也需要我们基于应用场景进行适当的技术选型。

例如，如果需要构建高度定制化和组件化的复杂系统，我们可以考虑采用 LangChain。它提供了模块化的组件和链式调用以满足高灵活性的需求。而如果应用的核心功能在于海量数据的快速查询和处理，则 LlamaIndex 将是一个不错的选择。LlamaIndex 具备数据连接器、自然语言查询接口等特性，可以支持大规模的数据搜索。如果场景需要不同角色代理的协同，则 AutoGen 的多角色设计将发挥巨大作用。AutoGen 支持自定义代理的交互行为，可以助力需要协作的特定复杂任务。

与此同时，我们也需要关注提示工程的进步。提示词的设计和优化，将有助于进一步释放大语言模型的应用潜力。我们既可以利用大语言模型的自学习能力，也可以通过人工设计引导其产生理想输出。

最后，我们一起看看通用人工智能领域当前的热点——"智能体"，即在发展其认知架构的过程中，关于开源和闭源的路径选择问题。我们将以 LangChain 与 OpenAI 为代表分析认知架构设计的开源和闭源两个不同路径的发展思路，展望这个领域的广阔前景。

综合来看，大语言模型必将深刻改变我们的工作与生活。让我们以开放和负责任的心态，共同打造一个人与智能和谐发展的美好新世界。

9.1　大语言模型应用开发框架的"你我他"

随着大语言模型的快速发展，基于这些模型来构建各类智能应用的需求与日俱增。为了帮助开发者更好更快地开发大语言模型应用，多个开源的应用开发框架应运而生。其中，LangChain、LlamaIndex 和 AutoGen 是目前非常有名和活跃的三大框架。所以我们也借此机会和大家一起了解、分析和比较一下这三大框架。

9.1.1 三大框架的简介

三大框架的简介如表 9-1 所示。

表 9-1 三大框架的简介

框架名称	官方代码仓库	支持语言	GitHub 星数	GitHub 首个版本
LangChain	在 GitHub 中搜索 "langchain-ai"	Python,JS/TS	约 9 万	2023 年 1 月
LlamaIndex	在 GitHub 中搜索 "run-llama"	Python，TS	约 3 万	2023 年 1 月
AutoGen	在 GitHub 中搜索 "microsoft/autogen"	Python	约 2.2 万	2023 年 9 月

LangChain 是一个通用的大语言模型应用开发框架，提供了模块化的组件和链式调用机制，可以快速构建各类基于大语言模型的智能系统。使用 LangChain 开发的应用既可以部署到服务器，也可以集成到 Web 交互界面中，非常灵活。LangChain 拥有强大的社区支撑和丰富的官方文档，是目前使用非常广泛的大语言模型应用开发框架之一。

LlamaIndex 是一个轻量级的数据框架，使用简单，但功能强大。它专注于为大语言模型应用提供结构化数据的支持，可以高效地对各类数据进行提取、转换和加载。LlamaIndex 支持多种数据源，还提供了方便的 API 来查询数据和获得大语言模型的输出，也是目前使用非常广泛的大语言模型应用开发框架之一。

AutoGen 是一个多代理协同的大语言模型应用开发框架。它支持开发者自定义多个代理，这些代理可以相互交流来解决复杂的问题。AutoGen 非常适合需要不同角色协同的应用场景，例如教学系统、智能助手等。AutoGen 提供了灵活控制流程与定制代理行为的能力，与前两个框架相比，它在普及度方面还不是很高。

9.1.2　三大框架的特性

首先我们来回顾一下 LangChain 的功能特性。简单地说，LangChain 提供了一系列组件和链式调用，它的一些关键特征如下。

（1）组件：LangChain 提供了一系列抽象的组件，用于不同的大语言模型任务。例如，为各种大语言模型提供标准化的接口，可以轻松加载大语言模型并与之交互。这加快了应用开发的进程。

（2）链式调用：LangChain 通过 LCEL 支持将组件组合成链式调用，可以构建复杂的应用流程。开发者可以根据需求自定义调用链。

（3）代理：LangChain 可以通过大语言模型构建代理，决定在不同情况下执行什么操作，并且结合工具集的生态充分扩展代理的能力边界。

（4）记忆：LangChain 支持短期记忆和长期记忆，这对一些应用如对话机器人来说很关键。

（5）集成：LangChain 为其各类组件定义了各自标准化的接口，让第三方开发者可以扩展并集成自定义组件。

LlamaIndex 专注于索引查询，以其检索效率和查询路由能力而闻名。LlamaIndex 的一些主要特征如下。

（1）数据连接器：LlamaIndex 支持从各种源导入数据，例如数据库、API、PDF 等。

（2）索引：LlamaIndex 会根据输入数据构建索引，用于响应与数据相关的查询。同时可以将多个索引组合成一个索引。

（3）查询：LlamaIndex 支持自然语言查询，基于索引从数据中检索信息。

（4）LlamaHub：这是 LlamaIndex 的一个重要功能，提供了大量的数据源，用于导入各种类型的数据。

AutoGen 最大的特点在于它可以定义多个代理，这些代理可以相互交流以完成任务。AutoGen 的一些核心功能和特性如下。

（1）自定义代理：AutoGen 支持通过自然语言和代码定义代理的交互行为，使其具备自定义性。

（2）混合能力代理：AutoGen 的代理可以融合大语言模型、用户输入和外部工具，以发挥各自的优势。

（3）复杂的对话流程：AutoGen 可以进行自动化会话，支持不同的交流模式，易于组织复杂的对话流程。

9.1.3 三大框架的对比

三大框架的对比如表 9-2 所示。

表 9-2 三大框架的对比

对比点	LangChain	LlamaIndex	AutoGen
范围广泛性	高：通用框架	中：专注数据处理	中：专注任务协作
灵活性	高：高度可定制	中：使用简单	中：代理可定制
效率	中：通用解决方案	高：优化数据处理	中：视任务情况而定
易用性	中：需要了解组件	高：简单易上手	中：视任务复杂度而定
记忆能力	强：内置记忆功能	强：内置记忆功能	中：短期记忆为主
多工具集成	强：内置各种集成	中：主要自身使用	中：可引入外部工具
社区支持	高：活跃社区	高：活跃社区	中：小众但活跃

LangChain 作为一个通用的大语言模型应用开发框架，拥有高度的灵活性和比较广泛的适用范围，它更加强调自定义能力和集成其他工具的能力。

LlamaIndex 更专注于为大语言模型提供结构化数据支持，使用简单，但定制性较弱。它在处理海量数据方面具有很高的效率。

AutoGen 的特色在于通过多个代理的协作来解决复杂问题，但是目前综合能力处于发展阶段，且运行多个代理的成本较高。

综合来看，LangChain 适用于构建对灵活性和定制化要求较高的复杂的大语言模型应用；LlamaIndex 适用于构建数据量较大且需要高效查询的智能搜索系统；AutoGen 适用于需要协同多个角色完成任务的特定场景。

作为开发者，我们可以根据自己的实际需求选择使用以上框架中的一个或多个。理解每个框架的优势和局限性，并且多加以实践，这样才能做出更适合自身应用场景的技术选型。

9.2 从 LangChain Hub 看提示词的丰富应用场景

随着大语言模型能力的不断提升，提示工程的重要性也日益凸显。目前开源社区中已经出现了各类提示词库和提示技术指南，以帮助用户更好地驾驭大语言模型的强大能力。提示工程的目标是让大语言模型以期望的方式回答询问，而不是单纯依靠预训练参数。

目前提示工程主要聚焦两个方面，一是利用大语言模型本身的能力进行自学习优化，二是人工设计更好的提示词序列。大语言模型本身可以完成一定的提示词优化，例如基于样本的提示词生成技术，可以让大语言模型学习到更好的提示词表达。此外，逐步推理、思考链等技术也可增强大语言模型的思维能力。人工设计提示词序列可以让大语言模型聚焦需要解决的问题，减少无关输出。各类场景化的提示词的出现，都展现了这种设计思路。

LangChain Hub 是 LangSmith 平台的一部分，这是一个用于管理和共享大语言模型提示词的在线平台。作为 LangChain 生态系统中的重要组成部分，LangChain Hub 使研究人员、开发者及组织可以更便捷地发现、编辑提示词，这对促进大语言模型的发展大有裨益。LangChain Hub 的目标是成为大语言模型提示词的首选中心，集中展示社区贡献的各类提示词。鉴于提示词的设计日益成为大语言模型应用的关键，LangChain Hub 可以加速知识共享和传播。用户可以浏览提示词，查看相关元数据，并且可以即时在 LangSmith 平台的 Playground 中调试提示词。LangSmith 平台还允许上传和下载提示，支持版本控制。通过简单的 Python 或 JS/TS SDK 接口，开发者可以将自己的提示词推送到 LangChain Hub，也可以拉取其他提示词并直接使用。这大大简化了提示词的管理。为支持组织内协作，LangChain Hub 也计划增加团队组织等功能。

LangChain Hub 自推出以来也积累了丰富的提示词，大致可以被分为十类，下面我们就一起提纲挈领地看一下，并且挑选一些优秀的提示词进行特点分析。

9.2.1 场景写作

随着提示工程的普及，制作多样化内容的提示词也不断增多，例如可以生成 SaaS 平台注册欢迎邮件、面向特定受众制作简洁有效的推文、使用给定播客的文字脚本编写一条吸引眼球的推文等。

下面我们来看一个具体的提示词示例，它可以根据提供的上下文创建结构良好的博客文章。

```
Create a well-structured blog post from the provided Context.
The blog post should should effectively capture the key points,
insights, and information from the Context.
Focus on maintaining a coherent flow and using proper grammar and
language.
Incorporate relevant headings, subheadings, and bullet points to
organize the content.
Ensure that the tone of the blog post is engaging and informative,
catering to {target_audience} audience.
Feel free to enhance the transcript by adding additional context,
examples, and explanations where necessary.
The goal is to convert context into a polished and valuable
written resource while maintaining accuracy and coherence.
```

这个提示词提供了很好的指导，告诉大语言模型应该如何组织博客文章的结构，提炼出上下文中最相关的关键点、见解和信息。这使大语言模型可以灵活地总结和分析最重要的内容。在这个提示词中，大语言模型聚焦于逻辑清晰的语法和组织结构，使用标题和列表格式等，这可以使文章更加易读和条理清晰。指定目标受众也有助于大语言模型调整语气。

另外，随着大语言模型的不断成熟，绑定特定大语言模型的通用写作提示词也在不断涌现。以下是一个基于 GPT-4 模型的写作助手的例子。

```
Given some text, make it clearer.

Do not rewrite it entirely. Just make it clearer and more
readable.

Take care to emulate the original text's tone, style, and meaning.

Approach it like an editor → not a rewriter.

To do this, first, you will write a quick summary of the key
points of the original text that need to be conveyed. This is to make
sure you always keep the original, intended meaning in mind, and don't
stray away from it while editing.

Then, you will write a new draft. Next, you will evaluate the
draft, and reflect on how it can be improved.

Then, write another draft, and do the same reflection process.

Then, do this one more time.

After writing the three drafts, with all of the revisions so far
in mind, write your final, best draft.

Do so in this format:
===
```

```
# Meaning
{meaning_bulleted_summary}

# Round 1
  ## Draft
    ``$draft_1``
  ## Reflection
    ``$reflection_1``

# Round 2
  ## Draft
    ``$draft_2``
  ## Reflection
    ``$reflection_2``

# Round 3
  ## Draft
    ``$draft_3``
  ## Reflection
    ``$reflection_3``

# Final Draft
    ``$final_draft``
===
```

To improve your text, you'll need to go through three rounds of writing and reflection. For each round, write a draft, evaluate it, and then reflect on how it could be improved. Once you've done this three times, you'll have your final, best draft.

这是一个非常明智和有效的提示词，它有几个优点。

（1）提供清晰的步骤：分为 "意义" 摘要、3 轮迭代和最终草稿，每轮迭代都有写作和反思，为文本优化提供了清晰流程。

（2）保留原意：强调不要完全重写，而要保留原文本的语气、风格和意义，像编辑一样对待文本。这确保了不会偏离原意。

（3）促进深度反思：每轮反思都需要评价刚写的草稿，考虑如何改进。

（4）最终汇总：3 轮迭代后，考虑所有修改，写出最终最好的草稿。这融合了所有进步。

整体而言，这是一个富有洞察力的提示词，可以进行文本优化，而不会偏离原意。它的流程清晰，输出灵活，确保了语义的连贯性。

9.2.2　信息总结

信息总结是 LLM 的一个强大用例，例如 Anthropic Claude 2，它可以对超过 70 页的内容进行直接总结；Chain of Density（CoD）[①]提供了一种补充方法，从而产生密集且人性化的更好的摘要。此外，摘要可以应用于多种内容类型，例如聊天对话或特定于领域的数据（如财务表摘要）。

下面我们来看一个对给定文章（多次循环）生成越来越简洁、实体密集的摘要的提示词示例。

```
Article: {ARTICLE}
You will generate increasingly concise, entity-dense summaries of
the above article.

Repeat the following 2 steps 5 times.

Step 1. Identify 1-3 informative entities (";" delimited) from
the article which are missing from the previously generated summary.
Step 2. Write a new, denser summary of identical length which
```

[①] Adams, G., Fabbri, A., Ladhak, F., Lehman, E., and Elhadad, N., From Sparse to Dense: GPT-4 Summarization with Chain of Density Prompting, arXiv e-prints, 2023. doi:10.48550/arXiv. 2309.04269.

covers every entity and detail from the previous summary plus the missing entities.

A missing entity is:

- relevant to the main story,

- specific yet concise (5 words or fewer),

- novel (not in the previous summary),

- faithful (present in the article),

- anywhere (can be located anywhere in the article).

Guidelines:

- The first summary should be long (4-5 sentences, ~80 words) yet highly non-specific, containing little information beyond the entities marked as missing. Use overly verbose language and fillers (e.g., "this article discusses") to reach ~80 words.

- Make every word count: rewrite the previous summary to improve flow and make space for additional entities.

- Make space with fusion, compression, and removal of uninformative phrases like "the article discusses".

- The summaries should become highly dense and concise yet self-contained, i.e., easily understood without the article.

- Missing entities can appear anywhere in the new summary.

- Never drop entities from the previous summary. If space cannot be made, add fewer new entities.

Remember, use the exact same number of words for each summary.

Answer in JSON. The JSON should be a list (length 5) of dictionaries whose keys are "Missing_Entities" and "Denser_Summary".

利用信息密度链的方法逐步提炼文章的关键点。

（1）清晰的步骤：分为识别缺失实体和书写更加密集的摘要两大步骤，重复 5 次，流程清晰。

（2）保证连贯性：每轮生成的摘要的长度保持相同，不能删除之前的实体，保证了摘要的连贯性。

（3）提高密度：通过压缩、融合等手段，在保证可读性的前提下，最大限度地增加每个词的信息量，逐步提高摘要的密度。

（4）强调具体：缺失的实体需要具体且精简，这确保摘要注重重点。

（5）保真性：缺失的实体必须存在于原文中，不能臆造，保证了摘要的真实性。

（6）自包含性：最终的摘要应该无须原文就可以自包含理解。

9.2.3 信息提取

大语言模型可以是提取特定格式文本的强大工具，目前比较有代表性的是 OpenAI 的 Function Calling 功能，LangChain Hub 中也有不少针对特定提取任务设计的提示词，例如进行知识图谱三元组的提取。

You are a networked intelligence helping a human track knowledge triples about all relevant people, things, concepts, etc. and integrating them with your knowledge stored within your weights as well as that stored in a knowledge graph. Extract all of the knowledge triples from the last line of conversation. A knowledge triple is a clause that contains a subject, a predicate, and an object. The subject is the entity being described, the predicate is the property of the subject that is being described, and the object is the value of the property.

EXAMPLE
Conversation history:
Person #1: Did you hear aliens landed in Area 51?
AI: No, I didn't hear that. What do you know about Area 51?
Person #1: It's a secret military base in Nevada.
AI: What do you know about Nevada?

Last line of conversation:

Person #1: It's a state in the US. It's also the number 1 producer of gold in the US.

Output: (Nevada, is a, state)<|>(Nevada, is in, US)<|>(Nevada, is the number 1 producer of, gold)

END OF EXAMPLE

EXAMPLE

Conversation history:

Person #1: Hello.

AI: Hi! How are you?

Person #1: I'm good. How are you?

AI: I'm good too.

Last line of conversation:

Person #1: I'm going to the store.

Output: NONE

END OF EXAMPLE

EXAMPLE

Conversation history:

Person #1: What do you know about Descartes?

AI: Descartes was a French philosopher, mathematician, and scientist who lived in the 17th century.

Person #1: The Descartes I'm referring to is a standup comedian and interior designer from Montreal.

AI: Oh yes, He is a comedian and an interior designer. He has been in the industry for 30 years. His favorite food is baked bean pie.

Last line of conversation:

Person #1: Oh huh. I know Descartes likes to drive antique

```
scooters and play the mandolin.
    Output: (Descartes, likes to drive, antique scooters)<|>
(Descartes, plays, mandolin)
    END OF EXAMPLE

    Conversation history (for reference only):
    {history}
    Last line of conversation (for extraction):
    Human: {input}

    Output:
```

这是一个设计得非常巧妙、目的清晰的三元组提取提示词，可以用于增量、动态构建知识图谱。

（1）清晰定义了知识三元组的格式，包括主体、关系和客体，十分明确。

（2）举了多个例子，覆盖了不同的情况，如有三元组、无三元组、关于不同实体的三元组提取。

（3）利用对话历史上下文，从最后一句中提取三元组，确保了相关性。

（4）要求将提取结果以特定格式组织，可以直接用于知识图谱的构建。

（5）提示词符合知识图谱增量构建的要求，即不断从新信息中提取三元组并集成。

9.2.4 代码分析和评审

代码分析是非常流行的大语言模型用例之一，LangChain Hub 中也有不少提示词是在这方面起作用的，例如驱动 Open Interpreter 通过执行代码完成用户提出的各种目标，例如对 GitHub 代码仓库中的 Pull Request 进行代码评审。

```
You are an AI Assistant that's an expert at reviewing pull
```

requests. Review the below pull request that you receive.

```
Input format
- The input format follows Github diff format with addition and
subtraction of code.
- The + sign means that code has been added.
- The - sign means that code has been removed.


Instructions
- Take into account that you don't have access to the full code
but only the code diff.
- Only answer on what can be improved and provide the improvement
in code.
- Answer in short form.
- Include code snippets if necessary.
- Adhere to the languages code conventions.
- Make it personal and always show gratitude to the author using
"@" when tagging.
```

这是一个非常实用和贴合实际的评审提示词。它的输入和输出的格式清晰，要求考虑现实限制，回答符合社区规范，可以产生高质量、具体可行的 PR 评审意见。它的特点如下。

（1）定义了明确的输入格式，采用 GithHub Diff 格式显示代码增加和删除的部分，便于直接处理。

（2）考虑到无法访问完整代码的限制，只针对差分的代码给出改进意见，更加现实。

（3）要求回答简明扼要，在必要时才包含代码片段。

（4）要求遵守代码约定，确保建议可实际执行。

（5）要求在使用@标签回复时展示其个性化并表达感谢，体现友好合作的社区文化。

9.2.5 提示优化

Deepmind 的论文[①]指出：LLM 可以优化提示。我们来看一个具体示例，下面这段提示词可以面向特定受众的写作来对提示词进行优化。

```
Your goal is to improve the prompt given below for {task} :

Prompt: {lazy_prompt}


Here are several tips on writing great prompts:
Start the prompt by stating that it is an expert in the subject.
Put instructions at the beginning of the prompt and use ### or to
separate the instruction and context
Be specific, descriptive and as detailed as possible about the
desired context, outcome, length, format, style, etc


Here's an example of a great prompt:


As a master YouTube content creator, develop an engaging script
that revolves around the theme of "Exploring Ancient Ruins."
Your script should encompass exciting discoveries, historical
insights, and a sense of adventure.
Include a mix of on-screen narration, engaging visuals, and
possibly interactions with co-hosts or experts.


The script should ideally result in a video of around 10-15
minutes, providing viewers with a captivating journey through the
secrets of the past.


Example:
"Welcome back, fellow history enthusiasts, to our channel! Today,
```

---

① Yang, C., Large Language Models as Optimizers, arXiv e-prints, 2023. doi:10.48550/arXiv. 2309.03409.

we embark on a thrilling expedition..."

Now, improve the prompt.

这是一个结构完整、目的清晰的提示词优化提示词。它通过明确输入和输出，提供实例指导，促进大语言模型学习提示词优化的技能，从而得到更好的提示词。它的优点如下。

（1）明确定义了优化目标：改进某一具体任务的提示词。

（2）提供了详尽的提示词优化建议，比如明确角色、添加清晰指令、具体描述等。

（3）给出了一个完美提示词的实例，易于大语言模型理解并模仿。

9.2.6　RAG

RAG 是现在非常流行的大语言模型应用场景，它将大语言模型的推理能力与外部数据源的内容结合起来，这对私域数据来说尤其强大。我们来看一个典型的 RAG 链可以使用的提示词。

```
You are an assistant for question-answering tasks. Use the
following pieces of retrieved context to answer the question. If you
don't know the answer, just say that you don't know. Use three
sentences maximum and keep the answer concise.
Question: {question}
Context: {context}
Answer:
```

这个提示词虽然简短，但包含了问答所需要的全部要素，角色、输入/输出格式定义恰当，既简单明了又兼顾完整性。尤其是对输出长度和形式的限制，避免了冗长无焦点的回答。允许不知道答案的情况，增加了友好性。这种高度概括和约束使其可以快速生产出高质量的问答。

9.2.7　自然语言 SQL 查询

由于企业数据通常从 SQL 数据库中获取，因此使用大语言模型作为 SQL 查询的自然语言交互入口是一个合理的应用场景。目前已经有一些论文[①]指出：给定数据表的一些特定信息，大语言模型可以生成 SQL，包括每个 CREATE TABLE 描述、SELECT 语句的 3 个示例行。

下面我们来看一个通过自然语言执行 SQL 查询的提示词示例。

```
Given an input question, first create a syntactically correct
{dialect} query to run, then look at the results of the query and
return the answer.

Use the following format:

Question: "Question here"
SQLQuery: "SQL Query to run"
SQLResult: "Result of the SQLQuery"
Answer: "Final answer here"

Only use the following tables:

{table_info}.

Some examples of SQL queries that corrsespond to questions are:

{few_shot_examples}

Question: {input}
```

少量示例和问题输入的组合可以让大语言模型快速掌握文本到 SQL 的映射，

---

① Rajkumar, N., Li, R., and Bahdanau, D., Evaluating the Text-to-SQL Capabilities of Large Language Models, arXiv e-prints, 2022. doi:10.48550/arXiv.2204.00498.

生成高质量的查询语句和答案,这个提示词的可取之处如下。

(1)清晰地定义了任务目标——输入问题,输出 SQL 查询和答案。

(2)规定了完整的输入和输出格式,包括问题、SQL 查询语句、SQL 结果和最终答案,保证了完整性。

(3)指定了可以使用的表格信息,避免使用外部信息。

(4)提供了少量示例,帮助大语言模型理解输入和输出格式。

9.2.8 评价打分

把大语言模型用作评分器是一个很有趣的想法,其核心思想是利用大语言模型评判响应结果与标准答案的匹配度。事实上,包括 OpenAI Cookbook,以及 LangChain、LlamaIndex 等都展示过这种使用大语言模型来评分的技巧。

LangSmith 的评价系统也做了很多类似的测试和评估功能探索。以下这个提示词可以根据自定义标准对大语言模型或现有的 LangSmith 运行/数据集进行评分。

```
You are now a evaluator for {topic}.

# Task
Your task is to give a score from 1-100 how fitting modelOutput
was given the modelInput for {topic}

# Input Data Format
You will receive a modelInput and a modelOutput. The modelInput
is the input that was given to the model. The modelOutput is the
output that the model generated for the given modelInput.

# Score Format Instructions
The score format is a number from 1-100. 1 is the worst score and
100 is the best score.
```

```
# Score Criteria
You will be given criteria by which the score is influenced.
Always follow those instructions to determine the score.
{criteria}


# Examples
{examples}
```

这个用于给大语言模型输出质量评分的提示词设计了一个非常清晰且易操作的框架。

（1）定义明确的评分者角色和任务目标。

（2）规范输入和输出格式，包括模型输入、模型输出和期望的分数。

（3）评分标准范围清晰，为 1 到 100 分。

（4）提供明确的评分影响因素和标准，限定了评分角度。

（5）用示例说明输入、输出和评分标准，易于理解。

（6）在评分时严格遵循给出的影响因素，保证一致性。

这种高度结构化的设计使评分者可以快速判断分数，而不需要自己提出或选择评判标准，极大地降低了评分难度。提示词本身也易于重复使用，适用于自动评估不同大语言模型的效果。

9.2.9　合成数据生成

微调是引导大语言模型行为的主要方法之一，但是收集用于微调的训练数据是一个挑战，所以一个有趣的思路是使用大语言模型来生成微调训练所需的合成数据集。例如我们来看一个使用 OpenAI 训练数据生成的提示词。

```
Utilize Natural Language Processing techniques and Generative AI
to create new Question/Answer pair textual training data for OpenAI
LLMs by drawing inspiration from the given seed content:
```

{SEED_CONTENT}

Here are the steps to follow:

1. Examine the provided seed content to identify significant and important topics, entities, relationships, and themes. You should use each important topic, entity, relationship, and theme you recognize. You can employ methods such as named entity recognition, content summarization, keyword/keyphrase extraction, and semantic analysis to comprehend the content deeply.

2. Based on the analysis conducted in the first step, employ a generative language model to generate fresh, new synthetic text samples. These samples should cover the same topic, entities, relationships, and themes present in the seed data. Aim to generate {NUMBER} high-quality variations that accurately explore different Question and Answer possibilities within the data space.

3. Ensure that the generated synthetic samples exhibit language diversity. Vary elements like wording, sentence structure, tone, and complexity while retaining the core concepts. The objective is to produce diverse, representative data rather than repetitive instances.

4. Format and deliver the generated synthetic samples in a structured Pandas Dataframe suitable for training and machine learning purposes.

5. The desired output length is roughly equivalent to the length of the seed content.

Create these generated synthetic samples as if you are writing from the {PERSPECTIVE} perspective.

Only output the resulting dataframe in the format of this example:
{EXAMPLE}

```
Do not include any commentary or extraneous casualties.
```

这种分步骤的流程化设计，配合对生成质量、风格和格式的明确要求，可以有效指导高质量合成数据的产出。这段提示词的有以下值得学习的地方。

（1）步骤清晰：分为 4 个明确的步骤，依次进行主题分析、文本生成、质量控制和格式化输出。

（2）注重质量：强调生成样本的质量要高、具有代表性，从多个方面确保质量。

（3）语言风格多样：要求在保持核心概念一致的前提下，语言表达要多样化。

（4）结构化输出：使用 Pandas DataFrame 格式化结果，适合机器学习。

（5）详细要求：对生成长度、数量、语境等都给出了明确的指引。

（6）提供样例：简化理解和运用。

9.2.10　思考链

研究表明，思考链[①]、思考树[②]等高级推理链路有助于提高大语言模型推理的准确率。思考链提示词还可以附加到许多任务中，并且对 Agent 来说变得尤为重要。例如，LangChain 实现的 ReAct Agent 以交错的方式将工具使用与推理结合起来。

```
Answer the following questions as best you can. You have access
to the following tools:
```

```
{tools}
```

---

① Wei, J., Chain-of-Thought Prompting Elicits Reasoning in Large Language Models, arXiv e-prints, 2022. doi:10.48550/arXiv.2201.11903.

② Yao, S., Tree of Thoughts: Deliberate Problem Solving with Large Language Models, arXiv e-prints, 2023. doi:10.48550/arXiv.2305.10601.

```
Use the following format:

Question: the input question you must answer
Thought: you should always think about what to do
Action: the action to take, should be one of [{tool_names}]
Action Input: the input to the action
Observation: the result of the action
... (this Thought/Action/Action Input/Observation can repeat N
times)
Thought: I now know the final answer
Final Answer: the final answer to the original input question

Begin!

Question: {input}
Thought:{agent_scratchpad}
```

这个 ReAct 模式的提示词设计优良之处如下。

（1）进行了清晰的角色定位，即一个需要回答问题的 Agent。

（2）提供了可以使用的工具列表，限定了操作空间。

（3）详细规定了每一步的输入和输出格式，包括思考、操作、输入、观察等。

（4）支持多步推理，重复思考、操作和观察的循环。

（5）要求给出最终结论以回答原始问题，保证解决问题的完整性。

这种将复杂推理任务分解为简单部件和步骤的方式，配合明确的角色定位和严格的输入、输出格式规范，使 ReAct Agent 可以高效地进行多步推理，最终解决指定的问题。

展望未来，提示工程仍需在健壮性、多样性等方面不断深化。现有提示词对输入的细微差别比较敏感，这限制了应用的部署。此外，更多模态和跨模型的提示词的设计，也是拓展应用场景的重要途径。总之，提示工程正处于快速发展阶段，社区方兴未艾、热情高涨。相信随着理论和工程实践的双轮驱动，提示工程必将不断突破现有局限，释放大语言模型更大的应用价值。

9.3　浅谈通用人工智能的认知架构的发展

认知架构是通用人工智能研究的一个子集，始于 20 世纪 50 年代，其最终目标是对人类思维进行建模，这将使我们构建更接近人类水平的人工智能。简单来说，认知架构描述了一个智能体思考、获取信息、做出决策等的整体机制与流程，它回答了"一个智能体是如何思考的"这个最核心的问题。

大脑的结构及工作方式是人类特有的认知架构。它让我们可以感知环境、存储记忆，运用知识推理、解决问题。对一个人工智能系统来说，开发者也需要为其设计一个类似的认知架构，让其具有获取输入、处理信息、产生输出的能力。

目前最引人瞩目的人工智能系统无疑是大语言模型。它们可通过自然语言进行交互，并且在特定领域展现出接近人类专家的智能。但我们不能简单地将大语言模型视为一个完整的智能体。从严格意义上来说，它们只实现了智能体的思考推理这一部分。

要构建一个真正的智能体，我们还需要解决获取输入和产生输出这两个问题。这就需要在大语言模型之外，设计一个完整的系统架构，即认知架构。它负责决定如何向大语言模型提供交互性的输入，以及如何处理大语言模型产生的输出。

简而言之，认知架构解决了"上下文输入"和"推理输出"这两个关键问题。

（1）上下文输入：它决定了大语言模型能够感知到的上下文信息，这将直接影响大语言模型的思考和决策质量。上下文输入可以是对话历史、外部知识源、用户特征等。

（2）推理输出：它负责解释和处理大语言模型的输出，将其转化为对用户或环境的实际影响。这可能是显示输出、调用 API、控制机器人等。

可以看出，一个完善的认知架构不仅要包含强大的大语言模型核心，还必须解决输入和输出的连接问题。只有做到这两点，才能构建出真正智能、实用的人工智能助手。

近年来，包括 OpenAI 在内的许多公司都在积极构建自己的认知架构方案。我们简要总结了几种主流的方式。

（1）基于对话的认知架构：最简单的方式是通过自然语言与大语言模型进行对话。我们通过输入对话上下文让大语言模型理解当前状态，大语言模型使用对话响应反馈。这种交互方式最直观，但只适用于仅需要输出文本的场景。

（2）工具型认知架构：为了产生更多样的输出，我们还可以为大语言模型连接各种工具，例如代码编译器、网页浏览器等。大语言模型指挥这些工具采取行动，同时将观察的结果反馈回对话中。这种认知架构增强了输出的多样性。

（3）链式或状态机式认知：更复杂的认知架构会设定明确的状态转移流程，步骤之间相互关联，形成链条或网络。在这样的认知架构下，大语言模型负责在给定状态空间内导航，转移到最优决策。这样可以构建多步决策过程。

可以看出，高质量的认知架构设计对构建强大 AI 系统具有重大意义。它不仅决定了交互形式和获取环境信息的方式，也决定了如何解析和处理大语言模型的输出，将其转化为对环境的实际影响。

为了更加自动化，Agent 认知架构（也可以称为"智能体"架构）应运而生。Agent 认知架构是当前较先进的一种设计方式，其核心思路是让大语言模型自主地像代理人一样思考和做决定。具体来说，Agent 认知架构包含的循环如下。

（1）从用户或环境中获取输入。

（2）将输入和当前的状态作为提示词送入大语言模型。

（3）大语言模型会产生一个决策，比如需要调用工具、进行检索等。

（4）将大语言模型的输出转化为具体操作，并且观察执行的结果。

（5）将步骤 4 的操作和观察结果反馈给大语言模型并作为新状态。

（6）回到步骤 2，进入新一轮决策。

这个循环充分利用了大语言模型根据当前状态自主做决定的能力。大语言模型决定下一步操作，更加独立，也更加主动。这类似于人类代理人分析当前环境，自主决定下一步计划的工作方式。

这种高度自动化的认知架构非常符合构建通用 AI 的目标。它减少了外部系统的导向和约束，让大语言模型基于自己的理解来推理、计划和解决问题。从理想状态来说，这使大语言模型的行为更加智能化。但是，Agent 认知架构也面临一定的难题。

（1）自动化程度高，可解释性就较差，用户和开发者难以预测和控制整个流程。

（2）如果大语言模型的决策存在错误，则后果会更严重，没有外部系统校验和纠正。

（3）在长时间运行的情况下稳定性较差，容易积累状态而导致失败。

所以这是一个典型的高风险高收益的设计。它代表了实现通用人工智能的未来方向，但实际落地仍存在调优空间。下面让我们来分析一下开源与闭源在认知架构领域的发展和竞争，我们分别以 LangChain 和 OpenAI 作为开源和闭源两个阵营的代表。

OpenAI 作为通用人工智能领域的明星公司，推出了 GPTs 系列产品，是强力推动 Agent 认知架构的代表。它具有独立性和主动性，可以自主访问知识、调用工具，并且基于对话历史自主决策。它类似一个比过去对话系统更主动、智能的代理人。

OpenAI 在推出 GPTs 系列消费产品的同时，还专门为开发者准备了 Assistants API 这个工具。Assistants API 可以看作是面向开发者的认知架构服务。Assistants API 为用户提供了类似代理人的智能体系统。它内置了对话式交互、代码执行和知识检索等功能模块。开发者可以基于 Assistants API，扩展自己所需的决策工具和流程。Assistants API 帮助记录状态，负责决策与工具调用之间的调度和协调。

这相当于一个半成品的 Agent 认知架构，开发者只需要在此基础上进行二次开发，就可以获得一个工作的智能代理人。这种高度自主的 Agent 设计理念，与 OpenAI 追求的目标十分吻合。他们希望通过不断完善这种结构，大语言模型可以获得越来越强的思考与决策能力，最终实现通用人工智能。

与此形成对比的是开源社区构建的认知架构工具体系。以 LangChain 为代表的开源工具，提供了丰富的样本代码、集成模板、调试工具等。开发者可以自主搭建认知架构，无须受限于任何厂商。LangChain 的方法也更倾向于给系统设计明确的状态转换逻辑，它们构建了类似多步工作流的链条式或状态机式的认知架构，使在不同场景间转移更加可控。这虽然牺牲了部分自主性，但可靠性和适应性都更强。

比如 LangChain 推出的 OpenGPTs 项目，就是试图复刻 GPTs 系列产品的功能及开发者版本的 Assistants API 的功能。作为一个开源系统，OpenGPTs 的最大优势在于它提供了高度的可自定义性。例如，开发者可以选择集成不同的大语言模型，LangChain 已经支持近百个知名大语言模型。此外，OpenGPTs 也让开发者更容易添加自定义的工具，实现特定域的定制化应用。

OpenGPTs 带来的自定义维度主要如下。

（1）大语言模型的选择：已默认集成 GPT-3.5 Turbo、GPT-4 等多个模型，还可以轻松添加其他大语言模型。

（2）提示工程的调优：通过可视化平台 LangSmith 进行提示策略的调试。

（3）自定义工具的添加：例如，以 Python 方式实现的定制工具，可以直接接入系统。

（4）向量数据库的切换：可以在 60 多个预集成的向量数据库中进行选择。

（5）检索算法的配置：可以自定义使用的检索算法。

可以看出，OpenGPTs 为用户提供了从底层模型到提示策略再到工具链的全流程定制。这类似于一个开放的认知架构搭建工具箱，用户无须受限于任何厂商，可以自主控制各个层面的技术细节。所以作为开源社区的代表，LangChain 相当于提出了另一套系统架构的设计理念，其认知架构设计更强调以下内容。

（1）增加外部系统对大语言模型决策的约束指导。

（2）为不同问题空间设定不同的状态转换机制。

（3）主动将相关上下文知识推送给大语言模型。

（4）大语言模型负责在给定的状态及场景中制定最优决策。

与 OpenAI 相比，LangChain 更加强调外部系统与大语言模型的协同。牺牲了一定的自主性，但可解释性和稳定性都更强。LangChain 通过这种设计，可以催生出更多用于构建智能体系统架构的开源工具。

综上所述，开源与闭源社群目前在认知架构领域都展开了一些行动：LangChain 等开源社区更强调可解释、可控，提供开放的认知架构工具；OpenAI 正在发展高度自主的 Agent 认知架构，并且在商业化环境下不断完善。

通用人工智能认知架构发展之路上的开源和闭源如何发展、演变，让我们拭目以待！